西华师范大学出版基金资助项目

八个典型优化问题的求解方法

程国忠 著

北京邮电大学出版社
www.buptpress.com

内 容 简 介

本书是在国家全面推进中国式现代化强国建设,倡导各行各业高质量发展的大背景下,为了满足读者,尤其是计算类专业学生深度学习或研究非数值优化相关问题及其求解方法的需要,作者在多年科研及教学经验基础上编写而成的。本书主要介绍了矩阵连乘积问题、背包问题、赛程问题、最小生成树问题、最短路径问题、最优二叉树问题、运输问题及旅行商问题这八个典型优化问题的求解方法,根据作者自己的理解给出了前六个问题已有有效算法的最优性证明,实现了全部算法的 C++ 代码编程并进行了应用测试。此外,本书还给出了一个求单源最短路径的新算法,以及一个能弥补传统方法不足的求解运输问题的人工神经网络方法。对于还未找到求全局最优解有效算法的旅行商问题,本书也介绍了作者所做的改进工作。

本书可供需要深度理解相应优化问题及求解方法的读者参考。

图书在版编目（CIP）数据

八个典型优化问题的求解方法 / 程国忠著 . -- 北京

北京邮电大学出版社，2024. -- ISBN 978-7-5635-7377
-6

Ⅰ. TP301.6

中国国家版本馆 CIP 数据核字第 2024A7N667 号

责任编辑：王晓丹　廖国军　　责任校对：张会良　　封面设计：七星博纳

出版发行：北京邮电大学出版社
社　　　址：北京市海淀区西土城路 10 号
邮政编码：100876
发 行 部：电话：010-62282185　传真：010-62283578
E-mail：publish@bupt.edu.cn
经　　　销：各地新华书店
印　　　刷：保定市中画美凯印刷有限公司
开　　　本：787 mm×1 092 mm　1/16
印　　　张：9.5
字　　　数：207 千字
版　　　次：2024 年 11 月第 1 版
印　　　次：2024 年 11 月第 1 次印刷

ISBN 978-7-5635-7377-6　　　　　　　　　　　　　　　　定价：59.00 元

前　言

本书对八个典型优化问题的求解方法分为 3 章进行较为深入的讨论,期望能辅助读者进一步学习或研究。八个典型优化问题分别是矩阵连乘积问题、背包问题、赛程问题、最小生成树问题、最短路径问题、最优二叉树问题、运输问题及旅行商问题,这些问题频繁出现于算法与数据结构、运筹与优化、组合数学与图论等一系列研究中。

前六个问题已有有效算法(多项式量级时间复杂度)能保证求出全局最优解,而本书的第 1 章主要根据作者自己的理解给出了全部算法所得解的最优性证明,设计了一个用于求解带负权网络单源最短路径的新算法,实现了全部算法的 C++代码编程并进行了应用测试。因此,第 1 章可作为对包括获得国家科技奖在内的相关著作的补充与拓展。

第七个问题,即运输问题(也叫货流问题),单纯形法、阶石法及表上作业法等传统的有效算法虽能求得全局最优解,但这些方法包含预处理工作,且在迭代过程中还可能出现退化情况等。为此,本书第 2 章特别给出了一个借助简化的人工神经网络 Hopfield 连续模型,实现了时间复杂度与传统方法同量级的统一算法,该算法可以弥补前述传统方法的不足,也为运筹学相应内容提供了重要的补充与完善。

第八个问题,即旅行商问题(也叫货郎担问题、巡回售货员问题等),目前还没有研究出有效的算法能保证求出该问题的全局最优解。为此,本书第 2 章也介绍了作者针对求旅行商问题的近似最优解,对简化 Hopfield 连续模型所做的改进,并给出了相应的通用算法,且该算法的改进主要体现在提升解的质量方面。针对大型旅行商问题的求解,本书第 3 章介绍了作者提出的基于哈密顿路径优化变换的近似方法,且实测效果良好。

本书受西华师范大学出版基金资助。衷心感谢西华师范大学校领导,西华师范大学学术委员会、科技处、学科建设处、数学与信息学院、公共数学学院的领导及专家对本书出版所给予的鼎力支持!

因作者水平原因,书中错误在所难免,恳请读者批评指正。

程国忠

2024 年 3 月

目　　录

第1章 已有有效算法拓展[1-14]

目前,对计算机算法的研究进展突飞猛进,要想把这一浩瀚领域中所有有价值的算法都包括在一章的篇幅内是不可能的。本章希望能通过对 6 个常见而有代表性的优化问题的求解算法的深入讨论,辅助读者深度理解其一般原理,高质量掌握优化算法设计的一般方法,为进一步学习、研究或工作夯实基础。这 6 个优化问题分别是矩阵连乘积问题、背包问题、赛程问题、最小生成树问题、最短路径问题、最优二叉树问题。

1.1 矩阵连乘积问题[8]

1.1.1 问题引入及描述

先考虑两个矩阵的乘法:矩阵 A 有 p 行 q 列,B 有 q 行 r 列,分别记为 $A_{p \times q}$ 和 $B_{q \times r}$;A 的列数与 B 的行数相同(这是矩阵乘法所要求的),其乘积矩阵 C 有 p 行 r 列,记为 $C_{p \times r}$。即这 3 个矩阵的关系为

$$C_{p \times r} = A_{p \times q} \cdot B_{q \times r} \tag{1-1}$$

C 矩阵第 i 行、第 j 列元素为

$$C_{i,j} = \sum_{k=1}^{q} A_{i,k} \cdot B_{k,j} \quad i = 1, 2, \cdots, p; j = 1, 2, \cdots, r \tag{1-2}$$

计算 C 矩阵所有元素的 C 语言程序段如下:

```
for (i = 1;i < = p;i + + )
  for (j = 1;j < = r;j + + )
    {C[i][j] = 0;for (k = 1;k < = q;k + + ) C[i][j] = C[i][j] + A[i][k] * B[k][j];}
```

其中,最内层循环体只有一个赋值语句,即为该程序段的基本语句。频度为 pqr,代表了 pqr 次乘法,pqr 次加法,pqr 次赋值操作,即该程序段的运行时间与 pqr 成正比,从而可以抛开计算机语言,直接用两个矩阵行列数 p、q、r 的乘积 pqr 来表示矩阵乘法的运算量。

现考虑 n 个矩阵的连乘积:

$$M^1 \cdot M^2 \cdot \cdots \cdot M^n \tag{1-3}$$

其中,上标表示矩阵编号。由于两个相邻矩阵中前者的列数与后者的行数相等,所以这 n

1

个矩阵的行列数只需 $n+1$ 个正整数 $r_0,r_1,r_2,\cdots,r_n$ 即可确定,其对应关系是:矩阵 $\boldsymbol{M}^i$ 的行列数分别为 r_{i-1} 和 r_i。

矩阵乘法满足结合律:$(\boldsymbol{M}^1\cdot\boldsymbol{M}^2)\cdot\boldsymbol{M}^3=\boldsymbol{M}^1\cdot(\boldsymbol{M}^2\cdot\boldsymbol{M}^3)$,因此式(1-3)有多种结合方式,即有多种运算顺序,虽然其运算结果相同,但运算量是很不一样的。用 $\boldsymbol{M}^{i,j}$ 表示矩阵连乘积

$$\boldsymbol{M}^i\cdot\boldsymbol{M}^{i+1}\cdot\cdots\cdot\boldsymbol{M}^j$$

考虑如下 4 个矩阵的积($r_0=10,r_1=20,r_2=60,r_3=1,r_4=100$)

$$\boldsymbol{M}^1_{10\times20}\cdot\boldsymbol{M}^2_{20\times60}\cdot\boldsymbol{M}^3_{60\times1}\cdot\boldsymbol{M}^4_{1\times100} \tag{1-4}$$

则结果矩阵可表示为

$$\boldsymbol{M}^{1,4}_{10\times100} \tag{1-5}$$

式(1-4)共有 5 种不同的结合方式:

① $\boldsymbol{M}^1_{10\times20}\cdot(\boldsymbol{M}^2_{20\times60}\cdot(\boldsymbol{M}^3_{60\times1}\cdot\boldsymbol{M}^4_{1\times100}))$,共 146 000 次基本运算(乘法、加法、赋值);

② $\boldsymbol{M}^1_{10\times20}\cdot((\boldsymbol{M}^2_{20\times60}\cdot\boldsymbol{M}^3_{60\times1})\cdot\boldsymbol{M}^4_{1\times100})$,共 23 200 次基本运算;

③ $(\boldsymbol{M}^1_{10\times20}\cdot\boldsymbol{M}^2_{20\times60})\cdot(\boldsymbol{M}^3_{60\times1}\cdot\boldsymbol{M}^4_{1\times100})$,共 78 000 次基本运算;

④ $(\boldsymbol{M}^1_{10\times20}\cdot(\boldsymbol{M}^2_{20\times60}\cdot\boldsymbol{M}^3_{60\times1}))\cdot\boldsymbol{M}^4_{1\times100}$,共 2 400 次基本运算;

⑤ $((\boldsymbol{M}^1_{10\times20}\cdot\boldsymbol{M}^2_{20\times60})\cdot\boldsymbol{M}^3_{60\times1})\cdot\boldsymbol{M}^4_{1\times100}$,共 13 600 次基本运算。

由此看出,运算顺序不同,运算量可能有天壤之别。因此,矩阵连乘积问题就是要求人们寻找一种运算量最少的结合方式,然后据此进行运算。

1.1.2 算法分析

1) 算法思想

动态规划法可用于寻找最省时间的运算顺序。构造一个 n 阶方阵 $\boldsymbol{D}_{n\times n}$,阶数 n 为要连乘的矩阵个数,其上三角元素 $D_{i,j}$ 填入获得积矩阵 $\boldsymbol{M}^{i,j}$($\boldsymbol{M}^{i,j}=\boldsymbol{M}^i\cdot\boldsymbol{M}^{i+1}\cdot\cdots\cdot\boldsymbol{M}^j$)所需的最少运算次数,下三角对称元素 $D_{j,i}$ 填入相应的分界矩阵序号 k(这里 k 满足:$\boldsymbol{M}^{i,j}=\boldsymbol{M}^{i,k}\cdot\boldsymbol{M}^{k+1,j}$ 且 $D_{i,j}=D_{i,k}+D_{k+1,j}+r_{i-1}r_kr_j$)。主对角线元素全部填0,因为 $\boldsymbol{M}^{i,i}$ 就是 $\boldsymbol{M}^i$,即给定矩阵,无需运算。以式(1-4)中的 4 个矩阵为例,就是要构造一个 4 阶矩阵 $\boldsymbol{D}_{4\times4}$,过程如下:

首先填入对角线元素 $D_{11}=D_{22}=D_{33}=D_{44}=0$,然后从下往上依次填入与主对角线平行的各斜线上的元素及其对称元素。

其次考虑主对角线上方第一条平行斜线上的元素 D_{12}、D_{23}、D_{34}。以 D_{12} 为例,D_{12} 代表求 $\boldsymbol{M}^{1,2}=\boldsymbol{M}^1\cdot\boldsymbol{M}^2$ 所需的最少运算次数,其中只包含两个矩阵,仅有一次矩阵乘法,因此 $D_{12}=r_0r_1r_2=12\,000$,$D_{21}=1$。同理有 $D_{23}=r_1r_2r_3=1\,200$,$D_{32}=2$。$D_{34}=r_2r_3r_4=6\,000$,$D_{43}=3$。

再次考虑主对角线上方第二条平行斜线上的元素 D_{13} 和 D_{24}。以 D_{13} 为例,D_{13} 代表求

$M^{1,3} = M^1 \cdot M^2 \cdot M^3$ 所需的最少运算次数，其中包含 3 个矩阵，有两次矩阵乘法，仅有如下两种结合方式：

$$(M^1 \cdot M^2) \cdot M^3 = M^{1,2}_{r_0 \times r_2} \cdot M^3_{r_2 \times r_3} \tag{1-6}$$

$$M^1 \cdot (M^2 \cdot M^3) = M^1_{r_0 \times r_1} \cdot M^{2,3}_{r_1 \times r_3} \tag{1-7}$$

按式(1-6)结合，所需最少运算次数为

$$D_{12} + D_{33} + r_0 r_2 r_3 = 12\ 000 + 0 + 600 = 12\ 600$$

按式(1-7)结合，所需最少运算次数为

$$D_{11} + D_{23} + r_0 r_1 r_3 = 0 + 1\ 200 + 200 = 1\ 400$$

因此，D_{13} 应等于这两者中的较小者，即 1 400，且这是按式(1-7)结合所得，即 M^1、M^2、M^3 的连乘须按式(1-7)结合才能得到最少运算次数，所以 D_{31} 应填 1。

同理，D_{24} 应取下面两个数中更小的那个：

$$D_{23} + D_{44} + r_1 r_3 r_4 = 1\ 200 + 0 + 2\ 000 = 3\ 200$$

$$D_{22} + D_{34} + r_1 r_2 r_4 = 0 + 6\ 000 + 120\ 000 = 126\ 000$$

即 $D_{24} = 3\ 200$ 且 $D_{42} = 3$，此时 D 矩阵已填元素如下所示：

$$D = \begin{bmatrix} 0 & 12\ 000 & 1\ 400 & \\ 1 & 0 & 1\ 200 & 3\ 200 \\ 1 & 2 & 0 & 6\ 000 \\ & 3 & 3 & 0 \end{bmatrix}$$

最后考虑主对角线上方第 3 条(也是最后一条或最上面的一条)平行斜线，它只有一个元素 D_{14}。D_{14} 是 M^1、M^2、M^3、M^4 这 4 个矩阵连乘所需的最少运算次数。这 4 个矩阵连乘有如下 3 种分组方法：

$$M^1 \cdot (M^2 \cdot M^3 \cdot M^4)$$

$$(M^1 \cdot M^2) \cdot (M^3 \cdot M^4)$$

$$(M^1 \cdot M^2 \cdot M^3) \cdot M^4$$

相应地，D_{14} 就是以下 3 个值中的最小者：

$$D_{11} + D_{24} + r_0 r_1 r_4 = 0 + 3\ 200 + 20\ 000 = 23\ 200$$

$$D_{12} + D_{34} + r_0 r_2 r_4 = 12\ 000 + 6\ 000 + 60\ 000 = 78\ 000$$

$$D_{13} + D_{44} + r_0 r_3 r_4 = 1\ 400 + 0 + 1\ 000 = 2\ 400$$

即 $D_{14} = 2\ 400$ 且 $D_{41} = 3$，此时 D 矩阵全部填满元素后如下所示：

$$D = \begin{bmatrix} 0 & 12\ 000 & 1\ 400 & 2\ 400 \\ 1 & 0 & 1\ 200 & 3\ 200 \\ 1 & 2 & 0 & 6\ 000 \\ 3 & 3 & 3 & 0 \end{bmatrix}$$

由此可知，这 4 个矩阵连乘的最佳结合方式为 $(M^1 \cdot (M^2 \cdot M^3)) \cdot M^4$。

假设矩阵个数最多为常量 N，则算法需要如下变量：

```
int n;                        //实际矩阵个数
int r[N+1];                   //一维整型数组 r 存放各矩阵行列数
long int D[N+1][N+1];         //二维长整型数组 D 存放前述辅助矩阵
```

算法主要流程如下：

① 读入矩阵个数 $n(n \leqslant N)$；

② 依次读入 $n+1$ 个数，即需要连乘积的 n 个矩阵的行列数，将之存于数组 r 中元素 $r[0] \sim r[n]$；

③ 将 D 矩阵主对角线的元素清零；

④ 填入 D 矩阵其他元素的值；

⑤ 给出 n 个矩阵的最优结合方式，或直接根据该结合方式读入实际矩阵元素，算出积矩阵。

2）确定 D 矩阵各元素值的算法

根据前述 4 个矩阵情形的分析讨论和实算过程，可归纳总结出 n 个矩阵情形下辅助矩阵 D 的用类 C 语言描述的动态规划构造函数如下：

```
//函数中 MAX 表示无穷大,可设为 2 的 31 次幂减 1,是有符号长整数的最大值,即 2147483647
//可用该常量定义实现:#define MAX 32768 * 65536-1
void DM(int n)
{int i,j,k;long int T;
 for(i=1;i<=n-1;i++) //i 可理解为 D 的主对角线上方平行斜线的编号
   for(j=1;j<=n-i;j++) //j 可理解为相应斜线从第 1 行开始的各行行号
     {D[j][j+i]=MAX;
      //D[j][j+i]最终存放 Mʲ·····Mʲ⁺ⁱ最佳结合顺序所包含的(最少)运算次数
      //找出第 i 斜线第 j 行元素 D[j][j+i]应该填入的最小值及分界矩阵序号
      for(k=0;k<=i-1;k++)
        {T=D[j][j+k]+D[j+k+1][j+i]+r[j-1]*r[j+k]*r[j+i];
         if(T<D[j][j+i]){D[j][j+i]=T;D[j+i][j]=j+k;}
         }
       }
 }
```

函数 DM() 中，$D[j][j+i]$ 最终存放的是 $M^j \cdot M^{j+1} \cdot \cdots \cdot M^{j+i}$ 最佳结合顺序所包含的（最少）运算次数，该连乘积最初的 $i+1$ 个矩阵按动态规划思想，有如下 i 种大范围分组结合方法（第 i 条斜线上的每个元素都对应着 $i+1$ 个矩阵的 i 种分组）：

$M^j \cdot (M^{j+1} \cdot \cdots \cdot M^{j+i})$（最少运算次数为 $D[j][j]+D[j+1][j+i]+r[j-1]r[j]r[j+i]$）

$(M^j \cdot M^{j+1}) \cdot (M^{j+2} \cdot \cdots \cdot M^{j+i})$（最少运算次数为 D[j][j+1]＋D[j+2][j+i]＋r[j-1]r[j+1]r[j+i]）

$$\vdots$$

$(M^j \cdot \cdots \cdot M^{j+i-1}) \cdot M^{j+i}$（最少运算次数为 D[j][j+i-1]＋D[j+i][j+i]＋r[j-1]r[j+i-1]r[j+i]）

所以，D[j][j+i]就是从上述 i 个表达式中选出的最小者。

3）确定 n 个矩阵结合方式的算法

对于矩阵连乘积 $M^i \cdot M^{i+1} \cdot \cdots \cdot M^j (i \leqslant j)$，如果只用于人工理解，则可通过添加括号的方式给出结合顺序（法则是小学开始就熟知的：括号内优先运算，嵌套多重括号时从小括号里的算起），该功能可用如下递归函数 p() 实现；如果需要编程自动计算出积矩阵，则将 p() 函数中输出矩阵及其编号的语句转换为一个矩阵的赋值运算或两个矩阵的乘积运算即可。此处的 p() 函数较为简单，不再过多说明，主函数通过调用语句 p(1,n) 即可获得矩阵连乘积 $M^1 \cdot M^2 \cdot \cdots \cdot M^n$ 的最佳结合顺序。

```
void p(int i,int j)
{int t;
 if (i = = j) cout <<"M"<< i;
 else if (i + 1 = = j) cout <<"(M"<< i <<"M"<< j <<")";
     else {t = D[j][i];cout <<"(";p(i,t);p(t + 1,j);cout <<")";}
}
```

4）时间复杂度

函数 p() 的功能是加上一些括号，且所加括号对数与矩阵个数 n 呈线性关系（实为$n-1$）。因为最坏的情况和最好的情况所需添加的括号对数分别满足递归方程 $B(n)$ 和 $G(n)$：

$$B(n)=\begin{cases}0 & n=1 \\ 1 & n=2, \\ B(n-1)+1 & n>2\end{cases} \qquad G(n)=\begin{cases}0 & n=1 \\ 1 & n=2 \\ 2G(\frac{n}{2})+1 & n>2\end{cases}$$

而

$$\begin{aligned}B(n)&=B(n-1)+1 \\ &=B(n-2)+2 \\ &=B(n-3)+3 \\ &\vdots \\ &=B(1)+n-1 \\ &=n-1\end{aligned}$$

$$G(n) = 2G(\frac{n}{2}) + 1$$

$$= 2[2G(\frac{n}{2^2}) + 1] + 1$$

$$= 2^2 G(\frac{n}{2^2}) + 2 + 1$$

$$= 2^3 G(\frac{n}{2^3}) + 2^2 + 2 + 1$$

$$\vdots$$

$$= 2^k G(1) + 2^{k-1} + \cdots + 2^2 + 2^1 + 2^0 \quad (2^k = n)$$

$$= 2^k - 1$$

$$= n - 1$$

因此,整个算法的时间复杂度取决于函数 DM( ),而 DM( )有三重 for 循环,且 DM( )的时间复杂度由最内层 for 循环体的执行次数决定,易知其执行总次数为

$$\sum_{i=1}^{n-1} \sum_{j=1}^{n-i} i = \sum_{i=1}^{n-1} (n-i)i$$

$$= \sum_{i=1}^{n-1} ni - \sum_{i=1}^{n-1} i^2$$

$$= n\frac{n(n-1)}{2} - \frac{(n-1)n[2(n-1)+1]}{6}$$

$$= 3n\frac{n(n-1)}{6} - \frac{n(n-1)(2n-1)}{6}$$

$$= \frac{n(n-1)(n+1)}{6}$$

所以,整个算法(给出最佳结合顺序)的时间复杂度为 $O(n^3)$。

除了动态规划法,显然还可用穷举法求出矩阵连乘积的最佳结合顺序。即列出所有可能的结合顺序,计算每种结合顺序的基本运算次数,且选取基本运算次数最少的一种作为最佳结合顺序。

用 $T(n)$ 表示 n 个矩阵连乘积的不同结合顺序的数目,则有如下递归方程:

$$T(n) = \begin{cases} 1 & n = 1 \\ 1 & n = 2 \\ \sum_{k=1}^{n-1} T(k)T(n-k) & n > 2 \end{cases}$$

根据初始条件和 $T(n)$ 的一般式容易知道 $T(n) > 0$ 对一切自然数均成立,因此有 $T(n) \geqslant T(1)T(n-1) + T(n-1)T(1) = 2T(n-1)$,即不等式 $T(n) \geqslant 2T(n-1)$ 对一切大于 2 的 n 均成立。所以有

$$T(n) \geqslant 2T(n-1) \geqslant 2^2 T(n-2) \geqslant 2^3 T(n-3) \geqslant \cdots \geqslant 2^{n-2} T(2) = 2^{n-2}$$

指数函数 2^{n-2} 随 n 的增长速度比任何 n 的多项式都快,因此计算所有可能结合顺序的工作量比计算矩阵连乘积本身所需的工作量还大得多。与其穷举寻找最佳结合顺序,不如任选一种顺序直接计算。

1.1.3　算法所得解的最优性证明

本节算法的核心是根据辅助矩阵 $\boldsymbol{D}$ 求出 n 个矩阵连乘积乘法次数最少的结合顺序。由 $\boldsymbol{D}$ 的构造过程可知:

当 $n=1$ 时,只有一个矩阵,无须相乘,算法显然能得出乘法次数最少的结合顺序;

当 $n=2$ 时,只有两个矩阵相乘,结合顺序是唯一的,无优劣之分,乘法次数始终为这两个矩阵的三个规模数据(行列数)之积,这表明算法能得出任意两个矩阵相乘的乘法次数更少的结合顺序;

当 $n=3$ 时,算法是从 $\boldsymbol{M}^1(\boldsymbol{M}^2\boldsymbol{M}^3)$ 和 $(\boldsymbol{M}^1\boldsymbol{M}^2)\boldsymbol{M}^3$ 两种结合方式中选择乘法次数较少的进行结合的,即算法也能得出任意 3 个矩阵连乘积乘法次数最少的结合顺序。

假设矩阵个数少于 n 时,算法均能得出乘法次数最少的结合顺序。对于 n 个矩阵连乘的一般情形($n>3$),由于算法是从 $(\boldsymbol{M}^1)(\boldsymbol{M}^2\cdots\boldsymbol{M}^n)$,$(\boldsymbol{M}^1\boldsymbol{M}^2)(\boldsymbol{M}^3\cdots\boldsymbol{M}^n)$,$\cdots$,$(\boldsymbol{M}^1\cdots\boldsymbol{M}^{n-1})(\boldsymbol{M}^n)$ 这 $n-1$ 种可能结合顺序中选择乘法次数最少者进行结合的(其中各括号内矩阵个数均少于 n,均由算法得出乘法次数最少的结合顺序),因而保证了这 n 个矩阵能按最少的乘法次数进行结合。

综上所述,由数学归纳法知,算法对于任意自然数个矩阵的连乘积均能得出乘法次数最少的结合顺序,并可据此计算积矩阵。

1.1.4　算法实现及应用

由 DM() 函数构造出辅助矩阵 $\boldsymbol{D}$ 后,即可利用 $\boldsymbol{D}$ 所存最佳结合顺序自动计算 n 个矩阵连乘积,本小节给出一个实现此功能的完整程序以供参考。其中两个计算函数 p0()、p1() 均由前述添加括号的 p() 函数扩展而成,p0() 函数不破坏 $\boldsymbol{M}^1\sim\boldsymbol{M}^n$ 和 $r_0\sim r_n$ 中所存原始数据,最终的积矩阵以及所有中间结果均另外开辟空间存放。p1() 函数要破坏 $\boldsymbol{M}^1\sim\boldsymbol{M}^n$ 和 $r_0\sim r_n$ 中所存原始数据,最终的积矩阵累乘至 $\boldsymbol{M}^1$。假设原始数据按矩阵个数 n、矩阵行列数 $r_0\sim r_n$、$\boldsymbol{M}^1\sim\boldsymbol{M}^n$ 各矩阵数值(依行主顺序)的顺序依次存于文本文件 datamatrix.txt 中。数据间以一个空格分隔,为便于核对,原则上每类数据单独换行,且矩阵的每行元素自成一行。计算结果显示于屏幕上(如果实际问题需要,也可改写入文件)。

```
//矩阵连乘积计算的完整程序:Matrixproduct20140422.cpp
#include< iostream.h>
#include< iomanip.h>
#include< stdlib.h>
```

```
#include<stdio.h>
#define N1 120   //假设矩阵允许的最大行列数为120
#define N 100    //假设需要计算连乘积的矩阵个数最多为100
//此处 MAX 设为 2 的 31 次幂减 1,是有符号长整数的最大值,即 2147483647
#define MAX 32768 * 65536 - 1
typedef long int AR[N1][N1];    //AR 为矩阵类型,其元素为长整型,也可定义为 float 型
AR * M;  //M 为指向 AR 类型元素的指针
int r[N+1],l;
long int D[N+1][N+1];
void DM(int n)
{int i,j,k;long int T;
 for(i=1;i<=n-1;i++)
     for(j=1;j<=n-i;j++)
       {D[j][j+i] = MAX;
        for(k=0;k<=i-1;k++)
          {T = D[j][j+k] + D[j+k+1][j+i] + r[j-1] * r[j+k] * r[j+i];
           if(T<D[j][j+i]){D[j][j+i] = T;D[j+i][j] = j+k;}
          }
       }
}
void p(int i,int j)
{int t;
 if (i == j) cout <<"M"<< i <<"";
 else if (i+1 == j) cout <<"(M"<< i <<"M"<< j <<")";
     else {t = D[j][i];cout <<"(";p(i,t);p(t+1,j);cout <<")";}
}
//以下函数不破坏原始数据 M¹~Mⁿ和 r₀~rₙ
int p0(int i,int j)
{int t,i1,j1,k1;int l1,l2;
 if (i == j) {l++;
             //将存于 M[i]的矩阵直接复制到 M[l],行列数也同时复制
             for(i1=1;i1<=M[i][0][0];i1++)
               for(j1=1;j1<=M[i][0][1];j1++) M[l][i1][j1] = M[i][i1][j1];
             M[l][0][0] = M[i][0][0];M[l][0][1] = M[i][0][1];
             return l;}
 if (i+1 == j) {l++;
             //将存于 M[i]的矩阵与存于 M[j]的矩阵之积存入 M[l](含结果阵行列数)
             for(i1=1;i1<=M[i][0][0];i1++)
               for(j1=1;j1<=M[j][0][1];j1++)
                 {M[l][i1][j1] = 0;
                  for(k1=1;k1<=M[i][0][1];k1++)
                    M[l][i1][j1] = M[l][i1][j1] + M[i][i1][k1] * M[j][k1][j1];
                 }
```

```
                    M[1][0][0] = M[i][0][0];M[1][0][1] = M[j][0][1];
                    return 1;
                }
    if (i+1<j) {t = D[j][i];
            l1 = p0(i,t);//将存于 M[i]～M[t]的矩阵之连乘积存入 M[l1](含结果阵行列数)
            l2 = p0(t+1,j);
            //将存于 M[t+1]～M[j]的矩阵之连乘积存入 M[l2](含结果阵行列数)
            l++ ;
            //将存于 M[l1]的矩阵 Mⁱ·ᵗ与存于 M[l2]的矩阵 Mᵗ⁺¹·ʲ之积存入 M[l](含结果阵行列数)
            for(i1 = 1;i1 <= M[l1][0][0];i1 ++ )
              for(j1 = 1;j1 <= M[l2][0][1];j1 ++ )
                {M[l][i1][j1] = 0;
                  for(k1 = 1;k1 <= M[l1][0][1];k1 ++ )
                    M[l][i1][j1] = M[l][i1][j1] + M[l1][i1][k1] * M[l2][k1][j1];
                }
            M[l][0][0] = M[l1][0][0];M[l][0][1] = M[l2][0][1];
            return l;
            }
}
//以下函数要破坏原始数据 M¹～Mⁿ和 r₀～rₙ
void p1(int i,int j)
{int t,i1,j1,k1;AR c;
  if (i+1 == j) {//将存于 M[i]的矩阵与存于 M[j]的矩阵之积再存入 M[i](含结果阵行列数)
            for(i1 = 1;i1 < r[i-1];i1 ++ )
              for(j1 = 1;j1 < r[j];j1 ++ )
                {c[i1][j1] = 0;
                 for(k1 = 1;k1 < r[i];k1 ++ )
                    c[i1][j1] = c[i1][j1] + M[i][i1][k1] * M[j][k1][j1];
                }
            for(i1 = 1;i1 <= r[i-1];i1 ++ )
              for(j1 = 1;j1 <= r[j];j1 ++ )M[i][i1][j1] = c[i1][j1];
            r[i] = r[j];
            }
    if (i+1<j) {t = D[j][i];
            p1(i,t);//将存于 M[i]～M[t]的矩阵之连乘积再存入 M[i](含结果阵行列数)
            p1(t+1,j);
            //将存于 M[t+1]～M[j]的矩阵之连乘积再存入 M[t+1](含结果阵行列数)
            //将存于 M[i]的 Mⁱ·ᵗ与存于 M[t+1]的 Mᵗ⁺¹·ʲ之积再存入 M[i](含结果阵行列数)
            for(i1 = 1;i1 <= r[i-1];i1 ++ )
              for(j1 = 1;j1 <= r[t+1];j1 ++ )
                {c[i1][j1] = 0;
                 for(k1 = 1;k1 <= r[t];k1 ++ )
                    c[i1][j1] = c[i1][j1] + M[i][i1][k1] * M[t+1][k1][j1];
```

```
        }
      for(i1 = 1;i1 <= r[i - 1];i1 ++ )
        for(j1 = 1;j1 <= r[t + 1];j1 ++ )M[i][i1][j1] = c[i1][j1];
      r[i] = r[t + 1];
      }
}
main()
{int i,j,k,n,q;
 FILE * f;
 f = fopen("datamatrix.txt","r");
 fscanf(f," % d",&n);
 cout << setw(3)<< n << endl;
 M = new AR[2 * n + 2]; //申请能实际存放2n + 2个矩阵的连续存储空间,并将首地址存入 M
 l = n;
 for (i = 0;i <= n;i ++ ) fscanf(f," % d",&r[i]);
 for (i = 0;i <= n;i ++ ) cout << setw(3)<< r[i];
 for (k = 1;k <= n;k ++ ) //将需要计算连乘积的n个原始矩阵依次存入M[1]~M[n]
   for (i = 1;i <= r[k - 1];i ++ )
     for (j = 1;j <= r[k];j ++ ) fscanf(f," % d",&M[k][i][j]);
 fclose(f);
 //输出各原始矩阵,并将第k号矩阵的行列数分别存入M[k][0][0]和M[k][0][1](k = 1,…,n)
 for (k = 1;k <= n;k ++ )
   {cout << endl;M[k][0][0] = r[k - 1];M[k][0][1] = r[k];
    for (i = 1;i <= r[k - 1];i ++ )
       {cout << endl;for (j = 1;j <= r[k];j ++ ) cout << setw(6)<< M[k][i][j];}
   }
 DM(n); //构造辅助矩阵 D,并在屏幕输出
 cout << endl << endl;
 for(i = 1;i <= n;i ++ )
   {cout << endl;for(j = 1;j <= n;j ++ ) cout << setw(8)<< D[i][j];}
 cout << endl;
 cout << endl << endl <<"            ";
 p(1,n); //以添加括号的方式在屏幕上显示连乘积的最佳结合顺序,以供阅读
 cout << endl;
 q = p0(1,n); //以不破坏 M 中 M[1]~M[n]所存原始矩阵的方式计算连乘积存入 M[q]
 //q 与 1 相同
 cout << endl;
 //屏幕输出 M[q]所存连乘积结果阵
 for (i = 1;i <= M[q][0][0];i ++ )
     {cout << endl;for (j = 1;j <= M[q][0][1];j ++ ) cout << setw(6)<< M[l][i][j];}
 cout << endl;
 p1(1,n); //以破坏 M 中 M[1]~M[n]所存原始矩阵的方式计算连乘积存入 M[1]
 cout << endl;
```

```
//屏幕输出 M[1]所存连乘积结果阵
for (i = 1;i <= r[0];i ++ )
    {cout << endl;for (j = 1;j <= r[1];j ++ ) cout << setw(6)<< M[1][i][j];}
cout << endl << endl;
}
```

以上程序的测试实例（取自文本文件）：

```
4
2 5 10 1 15
1 1 1 1 1
1 1 1 1 1
1 1 1 1 1 1 1 1 1 1
1 1 1 1 1 1 1 1 1 1
1 1 1 1 1 1 1 1 1 1
1 1 1 1 1 1 1 1 1 1
1 1 1 1 1 1 1 1 1 1
1
1
1
1
1
1
1
1
1
1
1
1
1
1 1 1 1 1 1 1 1 1 1 1 1 1 1 1
```

以上程序的计算结果（屏幕截图）：

```
    0     100      60      90
    1       0      50     125
    1       2       0     150
    3       3       3       0


     ((M1(M2M3))M4)


50    50    50    50    50    50    50    50    50    50    50    50    50    50    50
50    50    50    50    50    50    50    50    50    50    50    50    50    50    50


50    50    50    50    50    50    50    50    50    50    50    50    50    50    50
50    50    50    50    50    50    50    50    50    50    50    50    50    50    50
```

1.2 背包问题[9]

1.2.1 问题引入及描述

假设某港口有 n 种不同的货物要求运输,各种货物总重量已知、运价确定,且允许按任意重量分次发运。某船队欲承运部分货物,其总吨位确定,该船队应装运每种货物各多少,才能使其一次获得最多运费?这就是通俗描述的背包问题(Knapsack Problem),其形式化描述如下:

给定 M(吨位,背包容量)>0,W_i(各种货物重量)>0,P_i(运完 W_i 能得到的利润或运费)>0,$1 \leqslant i \leqslant n$。要求找出一个 n 元向量 $(x_1, x_2, \cdots, x_n)$,$0 \leqslant x_i \leqslant 1$,$1 \leqslant i \leqslant n$,使得:

$$\sum_{i=1}^{n} W_i x_i \leqslant M \text{ 且 } \sum_{i=1}^{n} P_i x_i \text{ 最大}。$$

1.2.2 算法分析

满足 $0 \leqslant x_i \leqslant 1$ 的任何向量 $(x_1, x_2, \cdots, x_n)$ 都是一个可能解,且这样的解显然有无穷多个,而最佳解必须使 $\sum_{i=1}^{n} P_i x_i$ 达到最大值。

1) 算法思想

对这种可能解是连续实数的优化问题,无法用穷举法求解,因此下面我们就围绕主观上"使 $\sum_{i=1}^{n} P_i x_i$ 达到最大"这个目标,且通过具体例子来讨论贪婪求解法。

例 1-1 给定 $n=4$,$M=40$,$(W_1, W_2, W_3, W_4) = (45, 30, 40, 19)$,$(P_1, P_2, P_3, P_4) = (18, 15, 25, 20)$,请求出使总运费最大的向量 (x_1, x_2, x_3, x_4)。

表 1-1 为该例中三种可能的贪婪解法。

表 1-1 三种可能的贪婪解法

贪婪策略	(x_1, x_2, x_3, x_4)	$\sum_{i=1}^{4} W_i x_i$	$\sum_{i=1}^{4} P_i x_i$
按 P_i 由大到小选 W_i	$(0, 0, 1, 0)$	40	25
按 W_i 由小到大选 W_i	$(0, 0.7, 0, 1)$	40	$15 \times 0.7 + 20 = 30.5$
按 P_i/W_i 由大到小选 W_i	$(0, 0, 0.525, 1)$	40	$25 \times 0.525 + 20 = 33.125$

从表 1-1 可见,第三种贪婪策略所得解最优。对于一般的背包问题,常用第三种贪婪策略进行求解,因为该方法使单位利润(收益)大的物品尽可能多地优先进包,即按 P_i/W_i 递降顺序选取物品进包($x_i=1$),仅最后才使 $x_i < 1$,所以其效果最好。另外,可以证明按

这种策略得到的一定是最佳解。

根据第三种贪婪策略可写出如下用类 C 语言描述的求背包问题最佳解的贪婪算法 greedy-knapsack。

```
int greedy-knapsack(int n)
{ float p[n],w[n],x[n],M,Cu;int i;
    给 p, w, Cu 读入数值;
    按 p[i]/w[i]的降序调整 p 和 w 中元素的位置;
    for(i=1;i<=n;i++) x[i]=0; //初始化解向量各分量为全 0
    Cu=M;i=1;
    while(i<=n&&w[i]<=Cu){ x[i]=1;Cu=Cu-w[i];i++;}
    if(i<=n)x[i]=Cu/w[i];
    输出 x;//输出时应注意与原货物的编号相对应
}
```

2）时间复杂度

关于算法 greedy-knapsack 的时间复杂度，若计入对 p[i]/w[i]的排序时间，则为 $O(n\log n)$（假设用堆排序等高效比较法进行排序），否则为 $O(n)$。

1.2.3　算法所得解的最优性证明

假定 $\sum_{i=1}^{n} W_i > M$（因当 $\sum_{i=1}^{n} W_i \leqslant M$ 时，无须选择货物，全部装运即可，问题将失去讨论意义），下面证明，按算法 greedy-knapsack 求出的解就是背包问题的最优解。

证明：设 $\boldsymbol{X}=(x_1,x_2,\cdots,x_n)$ 是由算法 greedy-knapsack 求出的解。如果所有 x_i 均为 1，显然 $\boldsymbol{X}$ 是一个最优解。不妨设存在 $j(1\leqslant j\leqslant n)$ 使得：$x_1=x_2=\cdots=x_{j-1}=1,0\leqslant x_j<1$，$x_{j+1}=x_{j+2}=\cdots=x_n=0$。根据算法，解 $\boldsymbol{X}=(x_1,x_2,\cdots,x_n)$ 应满足 $\sum_{i=1}^{n} W_i x_i=M$。若 $\boldsymbol{X}'=(x_1',x_2',\cdots,x_n')$ 也是问题的最优解，自然满足 $\sum_{i=1}^{n} W_i x_i'=M$，那么 $\boldsymbol{X}'=\boldsymbol{X}$，即 $x_i'=x_i$ 对所有 $i(1\leqslant i\leqslant n)$ 成立。假设 $\boldsymbol{X}'\neq\boldsymbol{X}$，则存在下标 $k(1\leqslant k\leqslant n)$ 满足 $x_i'=x_i(1\leqslant i<k)$ 且 $x_k'\neq x_k$，此时：

① 若 $x_k'<x_k$，则显然有 $\sum_{i=1}^{k} W_i x_i' < \sum_{i=1}^{k} W_i x_i \leqslant \sum_{i=1}^{n} W_i x_i=M\Rightarrow x_{k+1}',x_{k+2}',\cdots,x_n'$ 不全为 0。由于 $x_k'<x_k\leqslant 1$，所以可扩大 x_k' 并减少 $x_{k+1}',x_{k+2}',\cdots,x_n'$ 中的某些值，使背包所装物品总重量不变，但总利润增加。即得到一个不同于 $\boldsymbol{X}'$ 的更优解 $\boldsymbol{X}''=(x_1'',x_2'',\cdots,x_n'')$，使得 $\sum_{i=1}^{n} P_i x_i' < \sum_{i=1}^{n} P_i x_i''$ 且 $\sum_{i=1}^{n} W_i x_i''=M$。这与"$\boldsymbol{X}'$ 是背包问题最优解"的假设不符。

② 若 $x_k'>x_k$，则 $x_k<1$，$\sum_{i=1}^{k} W_i x_i=M$（根据算法，如果 $x_k<1$，则 $x_{k+1},x_{k+2},\cdots,x_n$ 全

为 0)。由 $\sum_{i=1}^{k-1}W_ix'_i = \sum_{i=1}^{k-1}W_ix_i$ 及 $x'_k > x_k$ (或 $W_kx'_k > W_kx_k$) 便有 $\sum_{i=1}^{n}W_ix'_i \geqslant \sum_{i=1}^{k}W_ix'_i >$

$\sum_{i=1}^{k}W_ix_i = M$,这与"$\boldsymbol{X}' = (x'_1, x'_2, \cdots, x'_n)$ 是背包问题解"的假设不符。

综上可知,由算法 greedy-knapsack 求出的解一定是背包问题的最优解。

1.2.4 算法实现及应用

本小节给出一个求背包问题最优解的完整程序以供参考。

```cpp
//背包问题贪婪法程序;knapsack.cpp
//动态数组实现。由于只是示意性程序,排序部分用的是简单选择排序法,时间复杂度为O(n²)。
#include<iostream.h>
void greedy_knapsack()
{ float M,cu,temp;
  int n,i,j,k;
  float * p, * w, * pw, * x,ps = 0;
  int * a; //a用于记录各货物的原始序号
  cout <<"请输入码头货物种数 n;";cin>> n;
  cout <<"请输入船队总吨位即背包容量 M;";cin>> M;
  p = new float[n + 1];w = new float[n + 1];pw = new float[n + 1];x = new float[n + 1];
  a = new int[n + 1];
  for(i = 1;i <= n;i ++)
   {cout <<"请输入码头第"<< i <<"种货物的总重量 w 和总运费 p;";cin>> w[i]>> p[i];}
  for(i = 1;i <= n;i ++){pw[i] = p[i]/w[i];a[i] = i;}
  for(i = 1;i <= n - 1;i ++) //对pw中的数据进行简单选择排序,a中元素同步交换
    {k = i;
     for(j = i + 1;j <= n;j ++) if (pw[j]> pw[k]) k = j;
     temp = pw[i];pw[i] = pw[k];pw[k] = temp;
     j = a[i];a[i] = a[k];a[k] = j;}
  for(i = 1;i <= n;i ++) x[i] = 0;
  cu = M;i = 1;
  while (i <= n&&w[a[i]] <= cu) {x[a[i]] = 1;cu = cu - w[a[i]];i = i + 1;}
  if (i <= n) x[a[i]] = cu/w[a[i]];
  cout <<"该船队对这"<< n <<"种货物的本次运量比例向量如下:\n(";
  for(i = 1;i < n;i ++) {ps = ps + x[i] * p[i];cout << x[i]<<",";}
  cout << x[n]<<")"<< endl;ps = ps + x[n] * p[n];
  cout <<"该船队本次运输所获总运费是:"<< ps << endl;
}
main(){greedy_knapsack();}
```

以上程序的测试实例(数据取自例 1-1)及计算结果(屏幕截图):

```
请输入码头货物种数n: 4
请输入船队总吨位即背包容量M: 40
请输入码头第1种货物的总重量w和总运费p: 45 18
请输入码头第2种货物的总重量w和总运费p: 30 15
请输入码头第3种货物的总重量w和总运费p: 40 25
请输入码头第4种货物的总重量w和总运费p: 19 20
该船队对这4种货物的本次运量比例向量如下:
(0, 0, 0.525, 1)
该船队本次运输所获总运费是:33.125
```

1.3 赛程问题[8,10]

1.3.1 问题引入及描述

有 n 个运动员进行单循环赛(即每个运动员要和其他所有运动员进行一次比赛),试为其安排比赛日程,使每个运动员每天只比赛一场,且整个赛程仅持续 $n-1$ 天。

1.3.2 算法分析

设运动员从 1 至 n 编号,并且用 n 阶矩阵 A 存放安排结果(这里定义 C 语言二维整型数组 int A[n+1][n] 来存储,而且为简化叙述,只使用其第 1 行到第 n 行,第 0 行不使用)。其中,A[i][j]($1 \leqslant i \leqslant n$,$0 \leqslant j \leqslant n-1$)表示第 i 名运动员在第 j 天的比赛对手,并约定 $A[i][0]=i$,即第 i 号运动员在第 0 天的对手为自己,这样约定是为了方便后面讨论和算法的设计。例如,4 个运动员对应的赛程矩阵 A 为

$$\begin{bmatrix} 1 & 2 & 3 & 4 \\ 2 & 1 & 4 & 3 \\ 3 & 4 & 1 & 2 \\ 4 & 3 & 2 & 1 \end{bmatrix}$$

其中,第 3 行表示 3 号运动员第 1 天的对手是 4 号,第 2 天的对手是 1 号,第 3 天的对手是 2 号,依此类推。

一般地,若 A 矩阵存放的是一个可行安排结果,则对任意的 $i,j,k=1,2,\cdots,n$,A 必须同时满足下列 3 个条件:

① 若 $j \neq k$,则 A[i][j]≠A[i][k];

② 若 $i \neq j$,则 A[i][k]≠A[j][k];

③ 若 A[i][j]=k,则 A[k][j]=i。

说明:

① 若 n 不为 2 的整次幂(比如 $n=3$),则问题可能无解;

② 若 n 为 2 的整次幂,则问题一定有解,但解不一定唯一;

③ 针对 n 不为 2 的整次幂的实际问题,可虚设运动员使总数构成 2 的整次幂,以便能使用这里给出的算法安排赛程。

1)算法思想

比赛人数或队数一般较多,该问题不宜采用穷举法解决,因为算法时间复杂度太高(指数量级以上)。这里使用分而治之法,时间复杂度仅为 $O(n^2)$,是解决该问题的有效算法,策略如下:

① 将运动员分成两组 $1,2,\cdots,n/2$ 和 $n/2+1,n/2+2,\cdots,n$;

② 为第一组运动员安排赛程,得到 $n/2$ 阶的方阵 A1;

③ 根据第一组安排结果,按关系 A2[i][j]=A1[i][j]+$n/2$ 为第二组运动员安排赛程,得 $n/2$ 阶方阵 A2;

④ 由 A1,A2 构造 A,如图 1-1 所示:

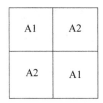

图 1-1 矩阵 A 的分块结构

例如,当 $n=2$、4、8 时,按此算法思想所得结果矩阵 A 分别如下:

$$\begin{bmatrix} 1 & 2 \\ 2 & 1 \end{bmatrix}, \begin{bmatrix} 1 & 2 & 3 & 4 \\ 2 & 1 & 4 & 3 \\ 3 & 4 & 1 & 2 \\ 4 & 3 & 2 & 1 \end{bmatrix}, \begin{bmatrix} 1 & 2 & 3 & 4 & 5 & 6 & 7 & 8 \\ 2 & 1 & 4 & 3 & 6 & 5 & 8 & 7 \\ 3 & 4 & 1 & 2 & 7 & 8 & 5 & 6 \\ 4 & 3 & 2 & 1 & 8 & 7 & 6 & 5 \\ 5 & 6 & 7 & 8 & 1 & 2 & 3 & 4 \\ 6 & 5 & 8 & 7 & 2 & 1 & 4 & 3 \\ 7 & 8 & 5 & 6 & 3 & 4 & 1 & 2 \\ 8 & 7 & 6 & 5 & 4 & 3 & 2 & 1 \end{bmatrix}$$

根据前述分析,可写出如下用类 C 语言描述的安排单循环赛日程的分而治之递归算法 arrange()。

```
void arrange(int n)
//本递归算法为编号从 1 至 n 的 n 名运动员安排单循环赛赛程,存于全局数组 A
//n 必须为 2 的整次幂,若实际运动员数不足,主程序可虚设以添足 2 的整次幂
{int i,j,n2;
  if(n==2)//仅有 1 号和 2 号两名运动员,则无需划分,直接填写
    { A[1][0]=1;A[1][1]=2;A[2][0]=2;A[2][1]=1;}
```

```
    else{ n2 = n/2;arrange(n2); //递归调用,形成 A 的 1/4 左上角 A1
        for (i = n2 + 1; i <= n;i++) //根据 A 的左上角的 A1 构造 1/4 左下角的 A2( = A1 + n/2)
            for (j = 0;j <= n2 - 1;j++) A[i][j] = A[i-n2][j] + n2;
        for (i = 1; i <= n2;i++) //由 A 的 1/4 左下角的 A2 平移复制构造 1/4 右上角的 A2
            for (j = n2;j <= n - 1;j++) A[i][j] = A[i+n2][j-n2];
        for (i = n2 + 1; i <= n;i++) //由 A 的 1/4 左上角的 A1 平移复制构造 1/4 右下角 A1
            for (j = n2;j <= n - 1;j++) A[i][j] = A[i-n2][j-n2];
    }
}
```

arrange1()是其等价的非递归算法之一,具体代码如下。

```
void arrange1(int n)
//该非递归算法也为编号从 1 至 n 的 n 名运动员安排单循环赛赛程,存于全局数组 A
//有关 n 的要求与递归算法 arrange 相同
{int i,j,k1,k2;
    //1 号和 2 号两名运动员的相互比赛日程直接填写
    A[1][0] = 1;A[1][1] = 2;A[2][0] = 2;A[2][1] = 1;
    //以 1 号和 2 号运动员的相互赛程为基础迭代形成全体运动员赛程
    for (k1 = 2;k1 < n;k1 = k1 * 2)
        {k2 = k1 * 2;
        //根据 A 的 k1 时刻左上角的 k1 阶分块子方阵构造左下角同样大小的分块子方阵
        for (i = k1 + 1;i <= k2;i++) //k1 时刻 A 的左下块元素 = 左上块对应元素 + k1
            for (j = 0;j <= k1 - 1;j++) A[i][j] = A[i-k1][j] + k1;
        //根据 A 的 k1 时刻左下角的 k1 阶分块子方阵复制构造右上角同样大小的分块子方阵
        for (i = 1;i <= k1;i++)
            for (j = k1;j <= k2 - 1;j++) A[i][j] = A[i+k1][j-k1];
        //根据 A 的 k1 时刻左上角的 k1 阶分块子方阵复制构造右下角同样大小的分块子方阵
        for (i = k1 + 1;i <= k2;i++)
            for (j = k1;j <= k2 - 1;j++) A[i][j] = A[i-k1][j-k1];
        }
}
```

2) 时间复杂度

由于 n 阶矩阵 A 的每个元素均要被赋值一次,故不论递归算法还是非递归算法,其时间复杂度均为 $O(n^2)$,只是可读性和附加存储空间有所差别而已。

1.3.3 算法所得解的最优性证明

算法所得解显然是最优的,因为 n 个运动员每天仅比赛一场的单循环赛必须 $n-1$ 天才能完成,而算法所得赛程刚好是 $n-1$ 天。下面只需证明算法所得赛程的正确性。

根据算法构造的 A,满足条件 1 和条件 2 是显然的,这里只证明其是否满足条件 3,即

$A[i][j]=k \Rightarrow A[k][j]=i$。

证明：当 $1 \leqslant j < n/2$ 时，条件显然成立，因为 $A[i][j]$ 和 $A[k][j]$ 都在 A 左上的 A1 内部，或者都在 A 左下的 A2 内部。下面只考虑 $j \geqslant n/2$ 的情况。

不妨令 $1 \leqslant i \leqslant n/2$（当 $n/2 < i \leqslant n$ 时可仿此证明），则 $A[i][j]$ 与 $A[k][j]$ 的位置关系如图 1-2 所示：

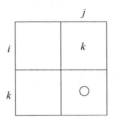

图 1-2　$A[i][j]$ 与 $A[k][j]$ 的位置对应关系

于是，我们只需证明 **A** 在圆圈处的元素值 $A[k][j]$ 满足 $A[k][j]=i$。

因为 $A[i][j]=k$ $\xleftarrow[\text{A 与 A2 的位置关系}]{\text{右上 A2 由左下 A2 平移复制而得}}$ $A2[i][j-n/2]=k$

$\xrightarrow[\text{因 A2 由 A1 加 n/2 而得}]{\text{由 A2 还原 A1}}$ $A1[i][j-n/2]=A2[i][j-n/2]-n/2=k-n/2$

$\xleftarrow[\text{条件 3}]{\text{A1 满足}}$ $A1[k-n/2][j-n/2]=i$

$\xrightarrow[\text{A 左上=A1，即相应元素有 } A[u,v]=A1[u,v]}]{\text{右下的 A1 由左上的 A1 平移复制而得}}$ $A[k-n/2+n/2][j-n/2+n/2]=i$

所以 $A[k][j]=i$。

1.3.4　算法实现及应用

本小节给出一个解决赛程问题的完整程序以供参考。赛程矩阵显示于屏幕上（如果参赛队员多，也可根据实际需要，存入文件）。

```
//赛程问题示意性完整程序:arrange.cpp
# include< iostream.h>
# include< iomanip.h>
# define N 1000
int n;
int A[N+1][N+1];
void arrange(int n)
  {int i,j,n2;
  if (n==2) { A[1][0]=1;A[1][1]=2;A[2][0]=2;A[2][1]=1;}
  else { n2=n/2;arrange(n2);
        for (i=n2+1; i<=n;i++)
```

```
            for (j = 0;j <= n2 - 1;j + + ) A[i][j] = A[i - n2][j] + n2;
        for (i = 1; i <= n2;i + + )
            for (j = n2;j <= n - 1;j + + ) A[i][j] = A[i + n2][j - n2];
        for (i = n2 + 1; i <= n;i + + )
            for (j = n2;j <= n - 1;j + + ) A[i][j] = A[i - n2][j - n2];
        }
    }
void arrange1(int n)
    {int i,j,k1,k2;
    A[1][0] = 1;A[1][1] = 2;A[2][0] = 2;A[2][1] = 1;
    for(k1 = 2;k1 < n;k1 = k1 * 2)
        {k2 = k1 * 2;
        for (i = k1 + 1;i <= k2;i + + )
            for (j = 0;j <= k1 - 1;j + + ) A[i][j] = A[i - k1][j] + k1;
        for (i = 1;i <= k1;i + + )
            for (j = k1;j <= k2 - 1;j + + ) A[i][j] = A[i + k1][j - k1];
        for (i = k1 + 1;i <= k2;i + + )
            for( j = k1;j <= k2 - 1;j + + ) A[i][j] = A[i - k1][j - k1];
        }
    }
void print()
    {int i,j;
    for(i = 1;i <= n;i + + )
        {for(j = 0;j < n;j + + ) cout << setw(4) << A[i][j];cout << endl;}
    }
main()
    {cout <<" n = ";cin >> n;
    arrange(n);print();cout << endl;
    arrange1(n);print();cout << endl;}
```

对 8 个运动员运行以上程序,结果屏幕截图如下,其中,前一组数据由递归函数 arrange()产生,后一组由非递归函数 arrange1()产生。

1.4 最小生成树问题[11-13]

1.4.1 问题引入及描述

1) 生成树

设 $G=(V,E)$ 是一个具有 n 个顶点 e 条边的无向连通图,二元组中 V 为全部顶点的集合,E 为全部边的集合。G 的所有包含 n 个顶点、$n-1$ 条边的连通子图都称为 G 的生成树,所以无向连通图的生成树并不是唯一的。无向连通图的生成树也叫支撑树。

2) 最小生成树

对于一个带权无向连通图(连通网)G 来说,一棵生成树的代价是指树中各条边上的权值之和。在 G 的所有生成树中,代价最小的就称为 G 的最小代价生成树,简称为最小生成树。无向连通网的最小生成树也不一定唯一。

最小生成树在实际生活中有着广泛应用。例如,假设要在 n 个城市间建立通信网,无向连通网的生成树就表示了一种可行的通信方案。n 个城市间最少必须架设或铺设 $n-1$ 条线路,但因每条线路都有对应的经济成本,而 n 个城市间可能有 $n(n-1)/2$ 条直通线路,那么,如何选择其中的 $n-1$ 条使总费用最少? 这就是求该无向连通网的最小生成树问题。又如,某地的一些乡镇间要修建公路,公路的修建计划可以用一个无向连通网来表示,其中,用顶点表示乡镇,边表示连接两个乡镇的公路,边权表示修建该条公路所需的代价。若希望修建总费用最小且各乡镇间恰好有公路相通,则问题就转换为求该公路网的最小生成树问题。

构造最小生成树比较常用的算法是普里姆算法(Prim Algorithm)和克鲁斯卡尔算法(Kruskal Algorithm),两者均使用的是贪婪策略。下面分别介绍这两种算法。

1.4.2 Prim 算法分析

1) 基本思想

Prim 算法采用了最近邻接顶点贪婪策略,它从任意一个顶点 u 出发,动态构造无向连通网 G 的最小生成树。所求最小生成树的初始状态为只有孤立顶点 u 的子图 T,之后不断地选择 G 中不在 T 内,但是距离 T 内所有顶点最近的顶点 v 加入 T(相连的最短边也同时加入),直到子图 T 中包含了 G 的所有顶点为止。

2) 形式化描述

设无向连通网 $G=(V,E)$ 共有 n 个顶点,分别为 $v_1,v_2,\cdots,v_n$,并采用邻接矩阵存储。若用 $T=(U,F)$ 表示 G 的一棵最小生成树,则必有 $U=V$ 且边数 $|F|=n-1$。T 的 Prim 算法动态构造过程形式化描述如下:

① 令 $F=\varnothing$(空集),$U=\{v_1\}$,即假设从顶点 v_1 出发构造最小生成树,$N=V-U$;

② 若 $U=V$,则算法终止,G 的最小生成树 T 构造完毕,否则转至③;

③ 选择满足 $v_i \in U$,$v_j \in N$ 且边(v_i,v_j)的权值最小的 v_i 和 v_j;

④ 令 $U=U \bigcup \{v_j\}$,$N=N-\{v_j\}$,$F=F \bigcup \{(v_i,v_j)\}$,转至②。

3）构造过程举例

图 1-3(b)～图 1-3(f)所展示的就是根据前述算法思想构造无向连通网的最小生成树的动态过程,分别如图 1-3(a)～图 1-3(f)所示,即图 1-3 展示的是从刚加入新的顶点及边到 T 后的状态的整个过程,即有边相连的顶点属于当时的集合 U,相应边属于 F,无边相连的顶点属于 N。

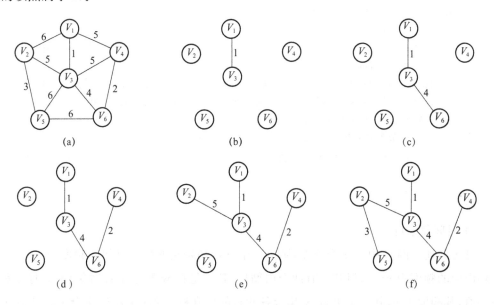

图 1-3 Prim 算法构造最小生成树的过程

4）类 C 语言描述的算法

假设调用本算法前,无向连通网 G 的各顶点信息 $v_1,v_2,\cdots,v_n$ 等已存入顶点数组 vexs 的 vexs[0]～vexs[n-1]中,即各顶点在内存中数字化后的编号为 $0,1,2,\cdots,n-1$,也就是在数组 vexs 的存储下标。G 的各边及其权值已存入邻接矩阵 cost,cost 的行列下标取值范围均为 $0,1,2,\cdots,n-1$,也就是各顶点的数字化编号,cost[i][j]存储的就是边(i,j)上的权值。

本算法使用 3 个一维数组 s,c,w 辅助实现,各数组的下标对应顶点编号 $0,1,2,\cdots,n-1$。s 数组的元素只取 0、1 两个值,s[i]若为 1 则表示 i 已并入集合 U,若为 0 则表示 i 仍在集合 N 中,还未选入 U。c 数组用于动态记录 N 集合中各顶点在 U 集合的当前最近点。w 数组存放对应距离(边权),即如果 $i \in N$,则 $c[i] \in U$ 且 $c[i]$ 是当前 U 中距离 i 最近的点,w[i]的当前值为 cost[i][c[i]],$i \in \{0,1,2,\cdots,n-1\}$。

根据前述分析,可写出如下用类 C 语言描述的求无向连通网 G 最小生成树的算法 Prim。

```
//#define INFINITY 2147483648 //无穷大
//#define MAX 100 //图的最大顶点数
void Prim(int v)
  //利用 Prim 算法从顶点 v 开始构造图 G 的最小生成树,n 为实际顶点数
  {int s[MAX],c[MAX],i,j,k;
  float w[MAX],min;
  s[v] = 1; //初始化 U 集合
  //初始化集合 N 及数组 c、w
  for(j = 0;j < n;j + + ) if (j! = v){c[j] = v;w[j] = cost[j][v];s[j] = 0;}
  cout <<"Prim 算法求出的以边、权表示的最小生成树:"<< endl;
  for(i = 1;i < n;i + + ) //从集合 N 中选择离集合 U 中点最近的点加入 U 直至 N 变空
    {min = INFINITY;
    for(j = 0;j < n;j + + )if(! s[j]&&w[j]< min){min = w[j];k = j;} //选择当前最近点
    cout <<"("<< vexs[c[k]]<<","<< vexs[k]<<"):"<< w[k]<< endl; //输出相应边、权
    s[k] = 1; //将所选出的当前最近点 k 加入集合 U
    //用新加入 U 的 k 更新 c、w 数组相应元素,为下一步寻优做准备
    for(j = 0;j < n;j + + )if(! s[j]&&cost[k][j]< w[j]){w[j] = cost[k][j];c[j] = k;}
    }
  }
```

5) 时间复杂度

设无向连通网 G 中有 n 个顶点,则第一个进行初始化的循环语句的频度为 n,第二个循环语句的频度为 $n-1$,但其中有两个内循环:其一是在 w 数组中针对集合 N 的元素求最小值,其频度为 n;其二是更新 N 集合各元素的 c 值和 w 值(代表 U 集合中距离该元素最近的点及边权),其频度也为 n。

由此知,Prim 算法的时间复杂度由第二个循环语句的频度 $n(n-1)$ 决定,为 $O(n^2)$,与 G 的边数无关,所以 Prim 算法适用于求边稠密网的最小生成树。

1.4.3 Prim 算法所得解的最优性证明

Prim 算法所得解的最优性由最小生成树(MST)性质保证:假设 $G=(V,E)$ 是一个无向连通网,U 是顶点集 V 的一个非空子集,若 (u,v) 是一条具有最小权值(代价)的边,其中 $u\in U,v\in V-U$,则 G 必存在一棵包含边 (u,v) 的最小生成树。

可以用反证法证明上述 MST 的性质。假设无向连通网 G 的所有最小生成树都不包含 (u,v)。任取 G 的一棵最小生成树 T,若把边 (u,v) 加入 T 中,则必产生一条包含 (u,v) 的回路。由于 T 是生成树,因此在 (u,v) 加入 T 之前,集合 U 和 $V-U$ 就已至少被某一条边 (u',v') 连通,其中 $u'\in U,v'\in V-U$。(u,v) 的加入使两者位于同一回路,此回路也使

得 u 和 u' 之间与 v 和 v' 之间均有路径相通。此时若清除边 (u',v')，便清除了该回路，得到另一棵生成树 T'。若 (u,v) 是连通集合 U 和 $V-U$ 的最小边，其代价不高于 (u',v')，则 T' 的边权总和不大于 T，这说明 T' 是 G 的包含 (u,v) 的一棵最小生成树。这与"无向连通网 G 的所有最小生成树都不包含 (u,v)"假设矛盾。

Prim 算法是从 T 的一个单点集 U 开始，逐步（共 $n-1$ 步）从 $V-U$ 动态地选取到 U 的当前最近点加入 U 的（相应边也同时加入 T 的边集合 F），且每步加入 T 的边均满足上述 MST 性质，即均包含于某棵 G 的最小生成树。而这样的 $n-1$ 条边及其顶点恰好只加入了 T，且最终使 T 变成了 G 的一棵生成树，如此构造出的生成树应该是边权之和最小的生成树，即最小生成树。

Prim 算法所得解最优性的严格证明可根据如下定义及引理来完成。

定义 设 $G=(V,E)$ 是一个无向图，v_1 和 v_2 是 V 中的两个顶点，合并 G 中的顶点 v_1 和 v_2 而得到图 G'。直观上来看，G' 是将 G 中的顶点 v_1 和 v_2 合并为一个"超级顶点"，G 中的边保持不变而得到的图。一般来说，图 G 和 G' 是多重图（含自环或重边），所以我们将用边的名称如 e_1,e_2，……来表示 E 中的边，而不用关联于边的顶点来表示。设 $G'=(V',E')$，这样，V' 包含了除 v_1 和 v_2 外，V 中所有的顶点及一个新顶点 v^*（即 v_1 与 v_2 合并而成的"超级顶点"）；E' 是 E 中所有的边，但是若 G 中的边关联于 v_1 或 v_2，则它在 G' 中就关联于 v^*。

引理 1 在无向连通图 G 中，关联于同一个顶点 v_1 的任何一条非自环且具有最小权的边，必定包含于某棵最小生成树。

① 存在关联于 v_1 的某个非自环的最小权值边包含于某棵最小生成树。

反证：假设关联于 v_1 的所有非自环的最小权值边均不被 G 的最小生成树包含。设 e 是任意一条这种具有最小权的边 (v_1,v_2)，并设 T 是不包含这种边（当然不包含 e）的任何一棵最小生成树，将 e 加到 T 中会得到 G 的一个子图，记为 T'。显然，T' 中一定包含一个回路，这个回路就是包含了弦 e 的简单回路，它由边 e 和 T 中从 v_1 到 v_2 的简单路径构成。设 $(v_1,v_{i1},v_{i2},\cdots,v_{ik},v_2)$ 是 T 中从 v_1 到 v_2 的这条简单路径上的顶点序列，容易发现，从 T' 中去掉边 (v_1,v_{i1}) 后，就产生一棵生成树，其权小于 T 的权。这与 T 是最小生成树的假设矛盾。

② 关联于 v_1 的任何一条非自环且具有最小权的边 e_1，设为 (v_1,v_2)，必定包含于某棵最小生成树。

证明：根据①的结论，存在关联于 v_1 的某条非自环且具有最小权的边 e_2，设为 (v_1,v_3)，包含于某棵最小生成树 T。如果 e_2 就是 e_1，则结论自然成立，否则将 e_1 加到 T 中会得到 G 的一个子图，记为 T'。显然，T' 中一定包含一个回路，这个回路就是包含了弦 e_1 的简单回路，它由边 e_1 和 T 中从 v_1 到 v_2 的简单路径构成。设 $(v_1,v_{i1},v_{i2},\cdots,v_{ik},v_2)$ 是 T 中从 v_1 到 v_2 的这条简单路径上的顶点序列，容易发现，边 (v_1,v_{i1}) 就是 (v_1,v_3)，即 e_2。因

为 e_1 的权等于 e_2 的权,所以从 T' 中去掉边 (v_1,v_{i1}) 后,就得到一棵包含边 e_1 且与 T 等权的最小生成树 T''。故,结论②成立。

综合①②可知,引理 1 成立。

引理 2 在无向连通图 G 中,e 是关联于某个顶点 v_1 的任何一条非自环且具有最小权的边,令为 (v_1,v_2)。设 G' 是在 G 中合并了顶点 v_1 和 v_2 而得到的图;而 T' 是 G' 的最小生成树。令 T 表示 T' 中所有的边,连同边 e 所组成的图 G 的一个子图,则 T 是 G 的一棵最小生成树。

证明: T 自然是 G 的一棵生成树,且有:$W(T)=W(T')+w(e)$,其中 $w(e)$ 表示边 e 的权,$W(T)$ 和 $W(T')$ 分别表示 T 和 T' 中所有边的权之和。

若 T 不是 G 的最小生成树,那么,由引理 1 可知,存在 G 的一棵最小生成树 T'' 且 T'' 包含 e,使得 $W(T'')<W(T)$。

在 T'' 中,合并顶点 v_1 和 v_2 并且删去边 e,就得到一棵树 T'''。显然,T''' 是 G' 的生成树。因为 $W(T'')=W(T''')+w(e)$,所以有:$W(T''')+w(e)=W(T'')<W(T)=W(T')+w(e)$,即 $W(T''')<W(T')$。这与 T' 是 G' 的最小生成树的假设相矛盾。故,引理 2 成立。

Prim 算法所得解的最优性证明:Prim 算法构造最小生成树的过程实质就是从初始顶点 v_1 出发反复运用引理 2 的过程。该算法首先找出 G 中离 v_1 最近的顶点 v_{i1},然后将 v_{i1} 添加到顶点集 U,边 (v_1,v_{i1}) 添加到边集合 F(引理 1 和引理 2 均可确保该边一定在最终构造出的最小生成树上),此时顶点集合 U 已有 v_1 和 v_{i1} 两个顶点,算法接下来的操作就相当于在 G 中合并 v_1 和 v_{i1} 为"超级顶点"v_1^*,得到新图 G_1,并从新图 G_1 的 v_1^* 出发根据引理 2 构造 G_1 的最小生成树。以此类推,算法就相当于在不断重复这个构造过程,直到最终 G_{n-1} 只含有一个顶点(最后合并而得的"超级顶点")为止。每步找到的"超级顶点"的最短关联边,连同最初找到的初始顶点 v_1 的最短关联边,便构成了算法最终所求最小生成树上的全部边,这正是由引理 2 一步一步保证的。

1.4.4 Kruskal 算法分析

1) 基本思想

Kruskal 算法采用了最短边贪婪策略,它按照边权递增顺序动态构造无向连通网 G 的最小生成树。所求最小生成树的初始状态为只有全部孤立顶点的子图 T,之后不断地选择 G 中不在 T 内且加入 T 后不产生回路的权值最小边加入 T,直到子图 T 中包含了 $n-1$ 条边为止。

2) 形式化描述

设无向连通网 $G=(V,E)$ 共有 n 个顶点,分别为 $v_1,v_2,\cdots,v_n$,并采用邻接矩阵存储。若用 $T=(U,F)$ 表示 G 的一棵最小生成树,则必有 $U=V$ 且边数 $|F|=n-1$。T 的 Kruskal 算法动态构造过程可形式化描述如下:

① 令 $U=V,F=\varnothing$（空集），即 U 包含 G 的全部顶点，但不包含任何边；

② 若 $|F|=n-1$，则算法终止，G 的最小生成树 T 构造完毕，否则转至③；

③ 选择满足 $e\in E-F$ 且并入 F 后不形成回路的权值最小的边 e；

④ 令 $F=F\bigcup\{e\}$，转至②。

3）构造过程举例

图 1-4(b)～图 1-4(f)所展示的就是根据前述算法思想构造无向连通网的最小生成树的动态过程。图 1-4(a)～图 1-4(f)分别展示的是从刚加入新边到 T 后的状态的整个过程，也表示相应边刚并入集合 F。

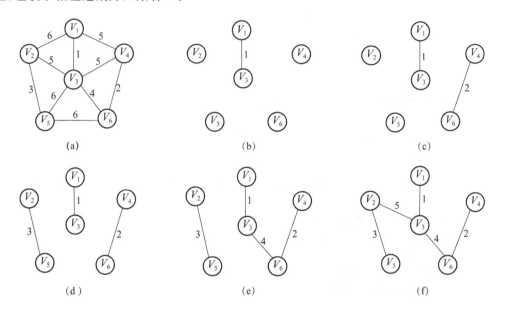

图 1-4 Kruskal 算法构造最小生成树的过程

4）类 C 语言描述的算法

有关数组 vexs 和 cost 的说明同 1.4.2 节。本算法还需另外使用两个一维数组 d 和 s 辅助实现。

结构数组 d 用于存放无向连通网 G 的各条边的顶点 u、v 及权值 w，即 d 的元素是相同类型结构体，每个结构体由 u、v、w 3 个域构成，基础数据可从邻接矩阵 cost 获得，并按 w 升序存放。由于 G 是无向图，邻接矩阵是对称矩阵，为节省存储空间并提高排序效率，d 可以只存放 cost 的下三角部分。

整型数组 s 的下标对应顶点编号为 $0,1,2,\cdots,n-1$，用于动态存放 T，即 U 中每个顶点各个时刻所属连通分量编号，初始状态，每个顶点都是孤立点，自成一个连通分量，因此编号就是自己，即 s[i]=i，以后每向 T，也即 F 中加入一条边 (i,j)，就将 s[i] 与 s[j] 改为相同。判定某边 (i,j) 能否加入 T 时，需要比较 s[i] 与 s[j] 是否相等。若两者相等，则说明 i 与 j 在 T 中已有路径相通，属于同一连通分量，不能再加入边 (i,j)，加入后必然会形成回路，也就是说，只有 s[i] 与 s[j] 不等时，边 (i,j) 才能加入 T。其中，$i,j \in \{0,1,2,\cdots,n-1\}$。

根据前述分析，可写出如下用类 C 语言描述的求无向连通网 G 最小生成树的算法 Kruskal。

```
//#define INFINITY 2147483648 //无穷大
//#define MAX 100 //图的最大顶点数
//#define MAXE 10000 //图的最大边数
typedef struct
        {int u,v; //边(u,v)的两个顶点,每个顶点用其在顶点数组 vexs 中的下标表示
         float w; //边的权值
         } edge; //定义边信息类型
void Kruskal(MGraph &G)
//利用 Kruskal 算法构造图 G 的最小生成树,n 为实际顶点数
  { longint i,j,k,m,count;
    int v1,v2,s1,s2,s[MAX];
    edge t,d[MAXE]; //定义边类型临时变量 t 和边数组 d
    m = 0;
    //根据邻接矩阵的下三角数据为边结构数组 d 赋初值
    for(i = 0;i < n;i++)
      for(j = 0;j < i;j++)
         if(cost[i][j]!= INFINITY){d[m].u = i;d[m].v = j;d[m].w = cost[i][j];m++;}
    m--;
    //对 d 中的结构元素根据 w 域进行升序调整(使用简单选择排序法)
    for(i = 0;i <= m-1;i++)
      {k = i;
       for(j = i+1;j <= m;j++) if (d[j].w < d[k].w) k = j;
       t = d[i];d[i] = d[k];d[k] = t;
      }
    //初始化 T 中各顶点(也即集合 U、V 的各元素)所属连通分量,依据是边集合 F 中的边
    for(i = 0;i < n;i++)s[i] = i;
    cout <<"Kruskal 算法求出的以边、权表示的最小生成树:"<< endl;
    count = 1; //count 表示当前构造最小生成树的第几条边,初值为 1
    j = 0; //j 表示边结构数组 d 的下标,从 0 开始
    while(count < n) //进行 n-1 次循环,每次产生一条边
      {v1 = d[j].u;v2 = d[j].v; //当前权值最小的边所关联的两个顶点
        s1 = s[v1];s2 = s[v2]; //分别取出 v1 和 v2 所在连通分量的编号
        if(s1!= s2) //若 v1 和 v2 不在同一个连通分量中
          {cout <<"("<< vexs[v1]<<","<< vexs[v2]<<"):"<< d[j].w << endl;//输出相应边、权
           count++; //生成树边数增 1
           for(i = 0;i < n;i++) //将所有 s 值为 s1 的顶点的 s 值修改为 s2
              if(s[i] == s1)s[i] = s2;
          }
        j++; //准备判定 d 中下一条边
      }
  }
```

5) 时间复杂度

设无向连通网 G 中有 n 个顶点、e 条边,则第一个二重循环语句的循环体语句频度为 $n(n-1)/2$;第二个二重循环是对 e 条边进行升序排序,在最坏情况下有 $n(n-1)/2$ 条边,最内层循环体的语句频度为 e^2(若使用堆排序等先进的比较排序法,则可改善为 $e\log e$;若使用计数排序法,则可保持频度为 e);第三个二重循环在最坏情况时,其最内层循环体的语句频度为 ne。

由此知,Kruskal 算法的时间复杂度为 $O(ne)$,至少为 $O(n^2)$,因为无向连通网的边数不少于 $n-1$,且与 G 的边数、点数均有关,相对于 Prim 算法,该算法适合求边稀疏网的最小生成树。

1.4.5　Kruskal 算法所得解的最优性证明

由 Kruskal 算法构造的显然是无向连通网 G 的一棵生成树。设 T 是由 Kruskal 算法构造的无向连通网 G 的一棵生成树,T_1 是 G 的任意一棵最小生成树,则 T 的边权总和显然大于或等于 T_1 的边权总和。如果能证明 T 的边权总和不大于 T_1 的边权总和,即两者的边权总和相等,那么就证明了 T 也是 G 的最小生成树。

如果 T 的边与 T_1 的边全部相同,则上述结论自然成立。下面的讨论假设 T_1 的某些边在 T 中不出现的情况。

① 对于 T_1 中任意一条不出现在 T 的边 e,T 中总存在一条对应的边 f,使得 f 不出现在 T_1 中,且 f 的权不超过 e 的权。

因为 T 是 G 的生成树,将不在 T 的边 e 加入 T 后必然形成回路 C,而在回路 C 上就必然存在边 f,且它不在 T_1 中出现(如果回路 C 的边均在 T_1 出现,就与 T_1 是生成树不符)。而根据 T 的构造过程,回路 C 上 T 中边的权均不比 e 的大(否则在构造 T 时就会优先选择更小的边 e),所以 f 的权不超过 e 的权。

② 对于 T_1 中两条不同的边 e_1 和 e_2,如果它们均不在 T 中出现,那么总能在 T 中找到两条对应的不同边 f_1 和 f_2,使得 f_1 的权不超过 e_1 的权,f_2 的权,不超过 e_2 的权,且 f_1、f_2 均在 T_1 中不出现。

按①中办法,肯定能找到相应的 f_1、f_2 分别与 e_1、e_2 对应,如果还能保证 f_1 与 f_2 不同,那么结论②便得证。

反证:假设只能找到相同的 f_1 与 f_2 同时与不同的 e_1 和 e_2 相对应,则说明将 e_1、e_2 同时加入 T 后所形成的两条回路有公共边 f_1 或 f_2,而且除了这条公共边满足属于 T(但不属于 T_1)之外,两条回路上其他边均同时属于 T 和 T_1(当然刚加入的 e_1 和 e_2 仍只属于 T_1)。但这是不可能的,因为如果那样,去除两条回路的公共边 f_1 或 f_2 后,余下的边刚好形成了 T_1 的一条回路,与 T_1 是生成树矛盾。

综合①和②,对于 T_1 中每一条不在 T 上的边 e,T 中均存在一条权值不超过 e 的权

的对应边 f，而且 T_1 中两条这种相异的边在 T 中的对应边也相异，因此 T 与 T_1 边数的相同性和有限性就保证了 T 的边权总和不超过 T_1 的边权总和，即 T 也是 G 的最小生成树。

1.4.6 Prim 算法和 Kruskal 算法实现及应用

本小节给出一个求无向连通网最小生成树的完整程序以供参考。程序以邻接矩阵为图的存储结构，除了 Prim 算法和 Kruskal 算法的代码实现外，还增加了存储结构的建立函数 createGraph()。假设原始数据按顶点个数、边数、各顶点名称、各边所依附的顶点及边权（每边只出现一次）的顺序依次存于文本文件中。数据间以一个空格分隔，为便于核对，原则上每类数据单独换行，即顶点数、边数在第一行，各顶点名称在第二行，各边信息从第三行开始存放（每边占一行）。计算结果显示于屏幕（如果实际问题需要，也可改写入文件）。

```cpp
//求无向连通网最小生成树的完整程序:Prim-Kruskal 算法 20230423.cpp
# include "iostream. h"
# include "iomanip. h"
# include "stdlib. h"
# include < stdio. h >
# include < string. h >
# define INFINITY 2147483648 //无穷大
# define MAX 100 //图的最大顶点数
# define MAXE 10000 //图的最大边数
typedef struct
        {int u,v; //边(u,v)的两个顶点,每个顶点用其在顶点数组 vexs 中的下标表示
         float w; //边的权值
         } edge; //定义边信息类型
typedef char VertexType[20]; //图的顶点名称
typedef enum{DG,DN,UDG,UDN}GraphKind; //图的类型:有向图、有向网、无向图、无向网
typedef struct
        {VertexType vexs[MAX]; //存放各顶点名称,数组下标就是相应顶点数字化编号
         float arcs[MAX][MAX]; //存放邻接关系,下标即前述编号,元素值为 0、1 或边权
         int vexNum,arcNum; //图的实际顶点数、边数
         GraphKind kind; //图的实际类型
         }MGraph; //图的邻接矩阵存储结构类型
int locateVex(MGraph &G,VertexType v) //查找顶点 v 的编号,即在顶点数组中的存放下标
  {int i;
   for(i = 0;i < G. vexNum;i + + )if(strcmp(G. vexs[i],v) == 0)return i;
   return - 1;
  }
void createGraph(MGraph &G) //建立无向连通网 G 的存储结构,原始数据从文本文件读取
```

```
    {VertexType v1,v2;float d;
     int i,j,k;
     FILE * f;
     char fn[100];
     G.kind = UDN; //无向连通网
     cout <<"please input source file name:";cin >> fn;
     //可输入测试文件名 distG11.txt
     f = fopen(fn,"r");
     fscanf(f," % d % d",&G.vexNum,&G.arcNum); //从文件读入顶点数、边数
     cout << G.vexNum <<"   "<< G.arcNum << endl;
     for(i = 0;i < G.vexNum; ++ i)fscanf(f," % s",G.vexs[i]); //读入各顶点名称
     for (i = 0;i < G.vexNum;i ++ ) cout << G.vexs[i]<<" ";cout << endl;
     for(i = 0;i < G.vexNum;i ++ ) //初始化邻接矩阵
        for(j = 0;j < G.vexNum;j ++ )G.arcs[i][j] = INFINITY;
     for(k = 0;k < G.arcNum; ++ k) //读入各边信息并建立邻接矩阵
        { fscanf(f," % s % s % f",v1,v2,&d);
          if((i = locateVex(G,v1)) == - 1)return ;
          if((j = locateVex(G,v2)) == - 1)return ;
          G.arcs[i][j] = d;G.arcs[j][i] = d;
          cout <<"("<< G.vexs[i]<<","<< G.vexs[j]<<"):"<< d << endl;
        }
     fclose(f);
    }
void Prim(MGraph &G,int v) //利用 Prim 算法从顶点 v 开始构造图 G 的最小生成树
    { int s[MAX],c[MAX],i,j,k,n;
     float w[MAX],min;
     s[v] = 1; //初始化 U 集合
     n = G.vexNum; //n 为图的实际顶点数
     for(j = 0;j < n;j ++ ) //初始化集合 N 及数组 c、w
        if (j!= v){c[j] = v;w[j] = G.arcs[j][v];s[j] = 0;}
     cout <<"Prim 算法求出的以边、权表示的最小生成树:"<< endl;
     for(i = 1;i < n;i ++ ) //从集合 N 中选择离集合 U 中点最近的点加入 U 直至 N 变空
        {min = INFINITY;
         for(j = 0;j < n;j ++ )if(! s[j]&&w[j]< min){min = w[j];k = j;} //选择当前最近点
         //输出相应边、权(边所依附的两个顶点按编号升序相继输出)
         if (c[k]< k) cout <<"("<< G.vexs[c[k]]<<","<< G.vexs[k]<<"):"<< w[k]<<"      ";
         else cout <<"("<< G.vexs[k]<<","<< G.vexs[c[k]]<<"):"<< w[k]<<"      ";
         s[k] = 1; //将所选出的当前最近点 k 加入集合 U
         //用新加入 U 的 k 更新 c、w 数组相应元素,为下一步寻优做准备
         for(j = 0;j < n;j ++ )if(! s[j]&&G.arcs[k][j]< w[j]){w[j] = G.arcs[k][j];c[j] = k;}
        }
    }
void Kruskal(MGraph &G) //利用 Kruskal 算法构造图 G 的最小生成树
```

```
{ long int i,j,k,m,n,count;
  int v1,v2,s1,s2,s[MAX];
  edge t,d[MAXE]; //定义边类型临时变量 t 和边数组 d
  m = 0;
  //根据邻接矩阵的下三角数据为边结构数组 d 赋初值
  n = G.vexNum; //n 为图的实际顶点数
  for(i = 0;i < n;i ++ )
    for(j = 0;j < i;j ++ )
      if(G.arcs[i][j]!= INFINITY)
        {d[m].u = i;d[m].v = j;d[m].w = G.arcs[i][j];m ++ ;}
  m-- ;
  //对 d 中的结构元素根据 w 域进行升序调整(使用简单选择排序法)
  for(i = 0;i <= m-1;i ++ )
    {k = i;
     for(j = i + 1;j <= m;j ++ ) if (d[j].w < d[k].w) k = j;
     t = d[i];d[i] = d[k];d[k] = t;
    }
  //初始化 T 中各顶点(也即集合 U、V 的各元素)所属连通分量,依据是边集合 F 中的边
  for(i = 0;i < n;i ++ )s[i] = i;
  cout <<"Kruskal 算法求出的以边、权表示的最小生成树:"<< endl;
  count = 1; //count 表示当前构造最小生成树的第几条边,初值为 1
  j = 0; //j 表示边结构数组 d 的下标,从 0 开始
  while(count < n)//进行 n-1 次循环,每次产生一条边
    {v1 = d[j].u;v2 = d[j].v; //当前权值最小的边所依附的两个顶点
     s1 = s[v1];s2 = s[v2]; //分别取出 v1 和 v2 所在连通分量的编号
     if(s1!= s2) //若 v1 和 v2 不在同一个连通分量中
       {//输出相应边、权(边所依附的两个顶点按编号升序相继输出)
        if (v1 < v2) cout <<"("<< G.vexs[v1]<<","<< G.vexs[v2]<<"):"<< d[j].w <<"     ";
        else cout <<"("<< G.vexs[v2]<<","<< G.vexs[v1]<<"):"<< d[j].w <<"     ";
        count ++ ; //生成树边数增 1
        for(i = 0;i < n;i ++ ) //将所有 s 值为 s1 的顶点的 s 值修改为 s2
          if(s[i] == s1)s[i] = s2;
       }
     j ++ ; //准备判定 d 中下一条边
    }
}
void main(){MGraph G;createGraph(G);Prim(G,0);cout << endl;Kruskal(G);cout << endl;}
```

以上程序的测试实例的数据取自文本文件,表示的是图 1-3(a)或图 1-4(a)所示的无向网,如下:

```
6   10
V1  V2  V3  V4  V5  V6
```

```
V1  V2  6
V1  V3  1
V1  V4  5
V2  V3  5
V2  V5  3
V3  V4  5
V3  V5  6
V3  V6  4
V4  V6  2
V5  V6  6
```

运行结果（屏幕截图）：

```
6    10
V1 V2 V3 V4 V5 V6
(V1,V2):6
(V1,V3):1
(V1,V4):5
(V2,V3):5
(V2,V5):3
(V3,V4):5
(V3,V5):6
(V3,V6):4
(V4,V6):2
(V5,V6):6
Prim算法求出的以边、权表示的最小生成树：
(V1,V3):1    (V3,V6):4    (V4,V6):2    (V2,V3):5    (V2,V5):3
Kruskal算法求出的以边、权表示的最小生成树：
(V1,V3):1    (V4,V6):2    (V2,V5):3    (V3,V6):4    (V2,V3):5
```

1.5 最短路径问题[11-14]

无权图的路径长度定义为路径上边的数目，等于路径上的顶点数减1。两顶点间可能存在多条路径，其中长度最短的路径称为这两个顶点间的最短路径。对于带权图，通常把一条路径上各条边的权值之和称为该路径的长度，两顶点间长度最短的路径称为这两个顶点间的最短路径。

在实际生活中，经常会遇到需要寻求最短路径的问题。例如，某人从 A 地去 B 地，他要考虑两地间是否有路？如果有多条路，哪条路最适合自己？他可能会做出两种选择，一种是选择中转次数少的线路，另一种是选择花费少的线路，这两种都属于最短路径问题，前者是无权图的最短路径问题，而后者是带权图的最短路径问题。这里的花费少涵盖距离短、时间或经费少等等。无权图的最短路径问题可以通过图的广度优先搜索算法解决，当然也可以令各边权均为 1 而转换为带权图的最短路径问题，再使用本节即将介绍的方法解决。所以本节只讨论带权图的最短路径问题，而且考虑交通图等大多数实际问题的有向性(如航运,逆水和顺水时的能耗不一样),本节只讨论有向带权图,并称路径的开始顶点为源点(Source),结束顶点为终点(Destination)。带权图的最短路径问题通常又可分为单源最短路径问题和各对顶点间最短路径问题,下面将分别进行讨论。相应算法对无向带权图同样适用。

1.5.1 求单源最短路径的 Dijkstra 算法分析

1) 问题引入及描述

首先讨论单源点的最短路径问题:设有向网 $G=(V,E)$ 中含有 n 个顶点,分别为 v_1,v_2,$\cdots$,v_n,且各条边上的权值大于 0,给定 G 的一个顶点 v,要求从 v 到其余各个顶点的最短路径。这就是单源最短路径问题。

例如,在如图 1-5 所示的带权有向网 G_1 中,源点为顶点 V_1,表 1-2 给出了从 V_1 到其余各个顶点的最短路径及其长度。

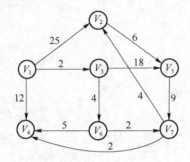

图 1-5 带权有向网 G_1

表 1-2 V_1 到其余各顶点的最短路径及其长度

源点	终点	最短路径	长度
V_1	V_2	$V_1V_3V_6V_7V_2$	12
	V_3	V_1V_3	2
	V_4	$V_1V_3V_6V_7V_4$	10
	V_5	$V_1V_3V_6V_7V_2V_5$	18
	V_6	$V_1V_3V_6$	6
	V_7	$V_1V_3V_6V_7$	8

那么如何求得这些路径?迪杰斯特拉(Dijkstra)提出了一个按长度递增顺序求最短路径的贪婪算法。

2) Dijkstra 算法基本思想

Dijkstra 算法是按照从源点到其余各顶点最短路径长度递增的顺序来逐一寻找从源点到其余各顶点最短路径的,即先求出源点可到达的长度最短的一条路径,简称为第一条最短路径,再求出长度次最短的第二条最短路径,依此类推,直至源点到其余 $n-1$ 个点的最短路径全部求出。

3）算法形式化描述

将有向网 G 的顶点集合 V 划分成两个子集 U 和 $V-U$,设 $U=\{v_1,v_2,\cdots,v_k\}$ 是已经求得最短路径的终点集合,即源点 v 到 U 中各顶点的最短路径均已求出,而 $V-U$ 就是尚未求得最短路径的终点集合。对于 $V-U$ 中的任意一个顶点 u,如果定义 v 到 u 的当前最短路径为 v 只经过 U 集合中的点到达 u 的路径（即在这条路径上除了顶点 u 之外,其余顶点均属于集合 U）,那么 Dijkstra 算法总是在集合 $V-U$ 中各顶点对应的当前最短路径中选择一个最短的作为下一条最短路径,同时将其终点加入集合 U。

具体说来,Dijkstra 算法可形式化描述如下:

① 令 $U=\varnothing$（空集）,$U=U\bigcup\{v\}$（将源点 v 加入集合 U）,$N=V-U$,初始化 v 到 N 中各点 u 的当前最短路径序列 p 为"vu",长度 w 为边长 cost[v][u];

② 若 $U=V$,则算法终止,v 到其余各顶点的最短路径全部求出,否则转至③;

③ 选择满足 $u_1\in N$ 且 v 到 u_1 当前最短路径长度最小的路径序列（比 v 到 N 中其余顶点的当前最短路径长度都小）,并假设该路径序列为 p_1,长度为 w_1;

④ 令 $U=U\bigcup\{u_1\}$,$N=N-\{u_1\}$;

⑤ 对于 N 的每一个顶点 u,如果 v 到 u 的当前最短路径长度 w 大于 w_1+cost[u1][u],则将 v 到 u 的当前最短路径序列 p 更新为 p_1+"u",长度更新为 w_1+cost[u1][u];

⑥ 转至②。

4）类 C 语言描述的算法

假设调用本算法前有向网 G 的各顶点信息 $v_1,v_2,\cdots,v_n$ 已存入顶点数组 vexs 的 vexs[0]～vexs[n-1],即各顶点在内存数字化后的编号为 $0,1,2,\cdots,n-1$,也就是在数组 vexs 的存储下标;G 的各有向边及其权值已存入邻接矩阵 cost,cost 的行列下标取值范围均为 $0,1,2,\cdots,n-1$,也就是各顶点的数字化编号,cost[i][j]存储的就是边$<i,j>$上的权值。

又设 v 为源点,本算法使用 3 个一维数组 s,p,w 辅助实现,各数组的下标对应顶点编号 $0,1,2,\cdots,n-1$。s 数组的元素只取 0、1 二值,s[i]为 1 表示 i 已并入集合 U,即表示 v 到 i 的最短路径已求出;s[i]为 0 则表示 i 仍在集合 $V-U$（简记为 N）中,即 v 到 i 的最短路径还未最终求出。p 数组用于动态记录 N 集合中各顶点的当前最短路径。w 数组存放对应路径长度,具体地:为节省存储空间,p[i]只保存源点 v 到顶点 i 的当前最短路径上顶点 i 的前方顶点,即当前最短路径的倒数第二个顶点,而且满足 $i\in N$,p[i]$\in U$,同时用 w[i]保存这条路径的长度。也就是说,从源点 v 到顶点 i 当前所求得的最短路径为 $(v,\cdots,p[i],i)$,由此可根据 p 数组的信息来反向查找出源点 v 到顶点 i 的最短路径上的所有顶点,其中,$i\in\{0,1,2,\cdots,n-1\}$。

根据前述分析,可写出用类 C 语言描述的求有向网 G 单源最短路径的 Dijkstra 算法,具体如下。

```
// #define INFINITY 2147483648 // 无穷大
// #define MAX 100 // 图的最大顶点数
void Dijkstra(int v)
  // 利用 Dijkstra 算法求有向网 G 从顶点 v 到其余各顶点的最短路径,n 为实际顶点数
  {int i,j,k,n; float min;
  s[v] = 1; // 初始化 U 集合
  for(i = 0;i < n;i + +) // 初始化集合 N 及数组 p、w
      if (i! = v){// 若 i 是 v 的邻接点,则 v 就是 v 到 i 的当前最短路径上的倒数第二个点
              // 路径长度就是边 <v,i> 的权,否则 v 到 i 暂无路径,倒数第二点以 -1 表示
              // 路径长度为无穷大
              w[i] = cost[v][i];if(cost[v][i] < INFINITY)p[i] = v;else p[i] = -1;
              s[i] = 0;}
  for(j = 1;j < n;j + +) // 按路径长度升序求出源点 v 到其余各点的最短路径及其长度
      {min = INFINITY;
      for(i = 0;i < n;i + +) // 从 N 集合中选出当前最短路径长度最小者的终点存入 k
          if(!s[i]&&w[i] < min){min = w[i];k = i;}
      s[k] = 1; // k 就是第 j 条最短路径的终点,将其从集合 N 删除并加入集合 U
      // 用新加入集合 U 的 k 更新 p、w 数组相应元素,为求下一条最短路径做准备
      // 即更新 N 集合中 k 的全部邻接点 i 的当前最短路径(前向顶点)及其长度
      // 前提条件是经第 j 条最短路径的终点 k 直达 i 更近
      for(i = 0;i < n;i + +)
          if(!s[i]&&cost[k][i] < INFINITY&&cost[k][i] + w[k] < w[i])
              {w[i] = cost[k][i] + w[k];p[i] = k;}
      }
  }
```

5) 算法时间复杂度

设有向网 G 中有 n 个顶点,则第一个进行初始化的循环语句的频度为 n,第二个循环语句的频度为 $n-1$,但其中有两个内循环:其一是在 w 数组中针对集合 N 的元素求最小值,其频度为 n;其二是更新 N 集合各元素的 p 值和 w 值,其频度也为 n。由此知,Dijkstra 算法的时间复杂度由第二个循环语句的频度 $n(n-1)$ 决定,为 $O(n^2)$。

1.5.2　Dijkstra 算法所得解的最优性证明

分析及约定:设 v 为源点,U 为根据 Dijkstra 算法按路径长度升序求出的 v 到其他点的最短路径终点集合。U 集合是逐步动态生成的,当从 $V-U$ 选出第 j 条($j=1,2,\cdots,$ $n-1$)长度最短的路径并将其终点 x 加入集合 U 时,该条路径上的其余全部顶点早已加入集合 U,而且 v 到 x 的这条(即第 j 条)最短路径是 v 到集合 U 中某点 y 的最短路径经有向边 $<y,x>$ 直达 x 的。如果将 U 集合中的全部顶点按其加入顺序重新编号(源点 v

编号0,其余顶点是第几条加入的最短路径的终点,编号就是几),则各条最短路径均是这种编号的升序序列,而且每条最短路径中从0开始连续取出的任何一个子序列均是一条长度更短的最短路径,其终点仍在U集合。为了叙述方便,暂将Dijkstra算法所得最短路径称为备选最短路径,并按前述办法对路径序列的顶点编号,终点的编号也作为对应备选最短路径的编号,该条备选最短路径是$V-U$集合内所有点的当前最短路径中长度最短者,再将选出各当前最短路径时所比较过的路径,以及没有比较过但从源点可达的路径统称为候选路径,而将最终的最短路径称为结果最短路径。接下来就是用数学归纳法证明每一条备选路径均为结果最短路径。

证明:第1条备选最短路径$(0,1)$显然是0到1的结果最短路径,因为1号点是0号点(即源点)的最近邻接点,且有向网G不含负权。

第2条备选最短路径$(0,\cdots,2)$是$(0,2)$和$(0,1,2)$中的较短者。

如果0到2的备选最短路径是$(0,2)$,则源点v不可能先直达其他大于2的点i后再到达2号点,因为$i>2$,所以有向边$<0,2>$的权小于$<0,i>$的权,从而备选最短路径$(0,2)$的长度小于候选路径$(0,i,\cdots,2)$的长度(因G无负权),即$(0,2)$为0到2的结果最短路径。

如果0到2的备选最短路径是$(0,1,2)$,即$(0,1,2)$比$(0,2)$更短,则:

① 不存在$i>2$使$(0,i,\cdots,2)$比$(0,1,2)$更短,不然由$(0,i,\cdots,2)$的长度小于$(0,1,2)$的长度便有$(0,i)$的长度小于$(0,1,2)$的长度,这说明i应先于2被选入集合U,与$i>2$不符;

② 不存在$i>2$使$(0,1,i,\cdots,2)$比$(0,1,2)$更短,不然由$(0,1,i,\cdots,2)$的长度小于$(0,1,2)$的长度便有$(0,1,i)$的长度小于$(0,1,2)$的长度,这同样说明i应先于2被选入集合U,与$i>2$不符。

这两种情况均说明,0到2的最短路径只能经1号点直达,而不会经任何大于2的点以任何方式到达,即备选最短路径$(0,1,2)$是0到2的结果最短路径。因此,第2条备选最短路径$(0,\cdots,2)$也是0到2的结果最短路径。

假设由Dijkstra算法所求得的以$1,2,\cdots,j-1$为终点的备选最短路径均为结果最短路径,即第1条至第$j-1$条备选最短路径均为0(源点)出发的结果最短路径,并再简记以0为起点、i为终点的备选最短路径为$L_i(0<i<n)$,下面讨论第j条备选最短路径$L_j(2<j<n)$。

显然,L_j是$(0,j)$,(L_1,j),(L_2,j),$\cdots$,(L_{j-1},j)这j条候选路径中的最短者,而且由归纳假设知$L_1,L_2,\cdots,L_{j-1}$既是备选最短路径,也是结果最短路径。

如果备选最短路径是$(0,j)$,则源点v不可能先直达其他大于j的点i后再到达j号点,因为$i>j$,所以有向边$<0,j>$的权小于$<0,i>$的权,从而备选最短路径$(0,j)$的长度小于候选路径$(0,i,\cdots,j)$的长度(因G无负权),即$(0,j)$为0到j的结果最短路径。

如果备选最短路径是$(L_k,j)(0<k<j)$,即(L_k,j)比$(0,j)$更短,并假设存在一条比(L_k,j)更短的候选路径$L=(0,\cdots,k_1,j)$,则:

① $k_1=k$是不可能的,因为由L_k已是最优(归纳假设)可知L的子路径$(0,\cdots,k_1)$不会比L_k更短,即L不会比(L_k,j)更短,与L是0到j更短候选路径的假设不符;

② $k_1<k$或$k<k_1<j$也是不可能的,不然就存在一条长度不超过L的长度的候选路径(L_{k_1},j)(其中,L_{k_1}是0到k_1的结果最短路径,自然也是备选最短路径,这可由归纳假设保证),其长度小于(L_k,j),这与(L_k,j)是0到j的备选最短路径的假设不符;

③ $k_1>j$同样不可能,不然,设k_2是路径L中从0开始向终点j方向搜索到的第1个大于j的顶点(如果它是L中唯一一大于j的点,则$k_2=k_1$),k_3是其前向顶点(即有向边$<k_3,k_2>$在路径L上),这时路径L形如$(0,\cdots,k_3,k_2,\cdots,k_1,j)$,根据归纳假设可知,应存在结果最短路径(自然也是备选最短路径)L_{k_3},使路径$(L_{k_3},k_2,\cdots,k_1,j)$的长度不超过$L$的长度,这可推出$(L_{k_3},k_2)$的长度小于$L$的长度,从而可推出$(L_{k_3},k_2)$的长度小于$(L_k,j)$的长度,即$k_2$应优先于$j$被选入集合$U$,与$k_2$大于$j$不符。

上述3种情况说明,不存在比(L_k,j)更短的候选路径,即备选最短路径$(L_k,j)(0<k<j)$就是0到j的结果最短路径。这就证明了,如果前$j-1$条备选最短路径是结果最短路径,则第j条备选最短路径也是结果最短路径$(2<j<n)$。

综上所述,由数学归纳法知,Dijkstra算法求出的所有备选最短路径均为结果最短路径。

1.5.3 Dijkstra算法实现及应用

本小节给出一个使用Dijkstra算法求有向网单源最短路径的完整程序以供参考,该程序以邻接矩阵为图的存储结构,除了Dijkstra算法的代码实现外,还增加了存储结构的建立函数createGraph()以及最短路径输出函数shortPath_Dijkstra()。假设原始数据按顶点个数、边数、各顶点名称、各边所依附的顶点及边权的顺序依次存于文本文件。数据间以一个空格分隔,为便于核对,原则上每类数据单独换行,即顶点数、边数在第1行,各顶点名称在第2行,各边信息从第3行开始存放(每边占一行)。计算结果显示于屏幕(如果实际问题需要,也可改写入文件)。

```
//Dijkstra算法求有向网单源最短路径的完整程序:Dijkstra算法20230507.cpp
# include "iostream.h"
# include "iomanip.h"
# include "stdlib.h"
# include < stdio.h >
# include < string.h >
# define INFINITY 2147483648 //无穷大
```

```
#define MAX 100 //图的最大顶点数
typedef char VertexType[20]; //图的顶点名称
typedef enum{DG,DN,UDG,UDN}GraphKind; //图的类型:有向图、有向网、无向图、无向网
typedef struct{VertexType vexs[MAX]; //存放各顶点名称,数组下标就是相应顶点数字化编号
            float arcs[MAX][MAX]; //存放邻接关系,下标即前述编号,元素值为边权
            int vexNum,arcNum; //图的实际顶点数、边数
            GraphKind kind; //图的实际类型
            }MGraph; //图的邻接矩阵存储结构类型
int p[MAX],s[MAX];float w[MAX];
int locateVex(MGraph &G,VertexType v) //查找顶点 v 的编号,即在顶点数组中的存放下标
  {int i;
  for(i = 0;i < G.vexNum;i ++ )if(strcmp(G.vexs[i],v) == 0)return i;
  return - 1;
  }
void createGraph(MGraph &G)
  { //建立有向网 G 的存储结构,原始数据从文本文件读取
    VertexType v1,v2;float d;
    int i,j,k;
    FILE *f;
    char fn[100];
    G.kind = DN; //有向网
    cout <<"please input source file name:";cin >> fn;
    //可输入测试文件名 distG14.txt、distG21.txt 等
    f = fopen(fn,"r");
    fscanf(f," % d % d",&G.vexNum,&G.arcNum); //从文件读入顶点数、边数
    cout << G.vexNum <<"   "<< G.arcNum << endl;
    for(i = 0;i < G.vexNum; ++ i)fscanf(f," % s",G.vexs[i]); //读入各顶点名称
    for (i = 0;i < G.vexNum;i ++ ) cout << G.vexs[i]<<" ";cout << endl;
    for(i = 0;i < G.vexNum;i ++ ) //初始化邻接矩阵
      for(j = 0;j < G.vexNum;j ++ )G.arcs[i][j] = INFINITY;
    for(k = 0;k < G.arcNum; ++ k) //读入各边信息并建立邻接矩阵
      {fscanf(f," % s % s % f",v1,v2,&d);
        if((i = locateVex(G,v1)) == - 1)return ;
        if((j = locateVex(G,v2)) == - 1)return ;
        G.arcs[i][j] = d;
        cout <<"<"<< G.vexs[i]<<","<< G.vexs[j]<<">:"<< d << endl;
      }
    fclose(f);
  }
void Dijkstra(MGraph &G,int v)
  { //利用 Dijkstra 算法求有向网 G 从顶点 v 到其余各顶点的最短路径
    int i,j,k,n;float min;
    s[v] = 1; //初始化 U 集合
    n = G.vexNum; //n 为有向网 G 的顶点数
```

```
    for(i = 0;i < n;i ++ ) //初始化集合 N(即 V－U 集合)及数组 p、w
        if (i! = v)
        /*若 i 是 v 的邻接点,则 v 就是 v 到 i 的当前最短路径上的倒数第二个点
        路径长度就是边< v,i >的权,否则 v 到 i 暂无路径,倒数第二点以 －1 表示
        路径长度为无穷大 */
        {w[i] = G.arcs[v][i];
        if(G.arcs[v][i]< INFINITY)p[i] = v;else p[i] = － 1;
        s[i] = 0;}
    for(j = 1;j < n;j ++ ) //按路径长度升序求出源点 v 到其余各点的最短路径及其长度
        {min = INFINITY;
        for(i = 0;i < n;i ++ ) //从 N 集合中选出当前最短路径长度最小者的终点存入 k
            if(!s[i]&&w[i]< min){min = w[i];k = i;}
        s[k] = 1; //k 就是第 j 条最短路径的终点,将其从集合 N 删除并加入集合 U
        /*用新加入集合 U 的 k 更新 p、w 数组相应元素,为求下一条最短路径做准备,即更新 N
            集合中 k 的全部邻接点 i 的当前最短路径(前向顶点)及其长度,前提条件是经第 j 条
            最短路径的终点 k 直达 i 更近 */
        for(i = 0;i < n;i ++ )
            if(!s[i]&&G.arcs[k][i]< INFINITY&&G.arcs[k][i] + w[k]< w[i])
                {w[i] = G.arcs[k][i] + w[k];p[i] = k;}
        }
    }
void shortPath_Dijkstra(MGraph &G,int v)
    {/* 先调用 Dijkstra 算法求有向网 G 从源点 v 到其余顶点的最短路径及其长度分别存入 p、w
        数组,然后根据 p、w 形成并输出各条最短路径,同时输出其长度 */
    int b[100];int i,j,q,m,n;
    Dijkstra(G,v);n = G.vexNum;
    for(i = 0;i < n;i ++ )
        if(i! = v)
        {printf(" 起点:% s,终点:% s  路径:",G.vexs[v],G.vexs[i]);
        q = p[i];
        if(q == － 1)printf("无\n");
        else{m = 0;b[m ++ ] = i; //根据 p 将 v 到 i 的最短路径序列(以编号表示)逆序存入数组 b
            while(q! = v){b[m ++ ] = q;q = p[q];}
            b[m] = v; //根据 b 正序输出 v 到 i 的最短路径序列(以顶点名称表示)
            for(j = m;j > 0;j －－ )printf(" % s->",G.vexs[b[j]]);
            cout << G.vexs[b[0]]<<",长度为:"<< w[i]<< endl;
            }
        }
    }
void main(){MGraph G;createGraph(G); shortPath_Dijkstra(G,0);}
```

以上程序的测试实例的数据取自文本文件,表示的是如图 1-5 所示的带权有向网
G_1,如下:

```
7  11
V1  V2  V3  V4  V5  V6  V7
V1  V2  25
V1  V3  2
V1  V4  12
V2  V5  6
V3  V5  18
V3  V6  4
V5  V7  9
V6  V4  5
V6  V7  2
V7  V2  4
V7  V4  2
```

运行结果(屏幕截图):

```
7  11
V1 V2 V3 V4 V5 V6 V7
<V1,V2>:25
<V1,V3>:2
<V1,V4>:12
<V2,V5>:6
<V3,V5>:18
<V3,V6>:4
<V5,V7>:9
<V6,V4>:5
<V6,V7>:2
<V7,V2>:4
<V7,V4>:2
起点: V1,终点: V2  路径: V1->V3->V6->V7->V2,长度为: 12
起点: V1,终点: V3  路径: V1->V3,长度为: 2
起点: V1,终点: V4  路径: V1->V3->V6->V7->V4,长度为: 10
起点: V1,终点: V5  路径: V1->V3->V6->V7->V2->V5,长度为: 18
起点: V1,终点: V6  路径: V1->V3->V6,长度为: 6
起点: V1,终点: V7  路径: V1->V3->V6->V7,长度为: 8
```

1.5.4 求各对顶点间最短路径的 Floyd 算法分析

1) 问题引入及描述

设有向网 $G=(V,E)$ 中含有 n 个顶点,分别为 $v_1,v_2,\cdots,v_n$,即 $V=\{v_1,v_2,\cdots,v_n\}$。现在要计算 G 中全部,即 $n(n-1)$ 个顶点对间的最短路径及其长度,这就是各对顶点间的最短路径问题。$n(n-1)$ 个顶点对的集合示意如下:

$$\{<v_1,v_2>,<v_1,v_3>,\cdots,<v_1,v_n>,<v_2,v_1>,<v_2,v_3>,\cdots,$$
$$<v_2,v_n>,\cdots,<v_n,v_1>,<v_n,v_2>,\cdots,<v_n,v_{n-1}>\}$$

对于该问题,如果 G 的边上无负权,则可借用 Dijkstra 算法来解决,即让 G 中每个顶点都作为源点来调用 Dijkstra 算法一次,总的时间复杂度为 $O(n^3)$。但若 G 的边上有负权,则 Dijkstra 算法失效。这时可用弗洛伊德(Floyd)算法来解决,其时间复杂度同样为

$O(n^3)$,且形式更简单。

Floyd 算法从另外一个角度计算各对顶点间的最短路径,它允许边上有负权,但不允许图中有包含负权边的回路(如果从顶点 v_i 到顶点 v_j 可以经过某个包含负权边的回路而到达,那就可以无限次地经过该回路,每经过一次均会使路径长度变小一次,从而导致从 v_i 到 v_j 不存在最短路径)。

2)Floyd 算法基本思想

假设有向网 G 的各顶点信息 $v_1, v_2, \cdots, v_n$ 等已存入顶点数组 vexs 的 vexs[0]~vexs[n-1],即各顶点在内存数字化后的编号为 $0, 1, 2, \cdots, n-1$,也就是在数组 vexs 的存储下标。G 的各边及其权值已存入邻接矩阵 cost,cost 的行列下标取值范围均为 $0, 1, 2, \cdots, n-1$,也就是各顶点的数字化编号,cost[i][j]存储的就是边$<i,j>$上的权值(约定 cost[i][i]=0)。

Floyd 算法的基本思想是,使用两个与邻接矩阵 cost 同结构的 $n \times n$ 的二维数组 p 和 d 分别存放各对顶点间的最短路径序列及长度。对于任意两点 i 和 j,i 到 j 的初始路径长度 d[i][j]的初值,即 cost[i][j]。如果 cost[i][j]$<\infty$,则 i 到 j 的初始路径序列 p[i][j]仅由有向边$<i,j>$所依附的两个顶点构成,否则为空。即各对顶点间的初始路径就是直达路径,该路径不一定是最短路径(为叙述方便,将各时刻在 p 中存放的路径均称为当前最优路径),尚需进行 n 次试探,即需将 $0, 1, 2, \cdots, n-1$ 中的每一个点作为中间点(也可叫中介点、桥梁点等)来优化 p 和 d。优化原则:对于任意一个中间点 $k \in \{0, 1, 2, \cdots, n-1\}$,如果 d[i][k]+d[k][j]$<$d[i][j],则将 i 到 j 的当前最优路径长度 d[i][j]的值修改为 d[i][k]+d[k][j],同时将 i 到 j 的当前最优路径序列 p[i][j]替换为 i 到 k 的当前最优路径序列 p[i][k]与 k 到 j 的当前最优路径序列 p[k][j]的并(此处的并指两条路径以 k 为公共点相连,而不是集合的并),其中 $i, j \in \{0, 1, 2, \cdots, n-1\}$。

3)形式化描述

将有向网 G 的顶点集合 V 划分成两个子集 U 和 N,$N=V-U$,设 U 是已作为中间点使用的顶点集合,其初始状态为空,而 N 就是其余顶点的集合。vexs、cost、p、d 等数组的含义同前,集合 U、N 的元素以其数字化编号 $0, 1, 2, \cdots, n-1$ 表示。

具体说来,Floyd 算法可形式化描述如下:

① 令 $U=\varnothing$(空集),根据 cost 初始化 d 和 p;

② 若 $U=V$,则算法终止,各对顶点间的最短路径全部求出,否则转至③;

③ 任取 $k \in N$,用其作为中间点优化 d 数组和 p 数组中全部元素,优化原则同前;

④ 令 $U=U \cup \{k\}$,$N=N-\{k\}$;

⑤ 转至②。

4)类 C 语言描述的算法

算法特性分析:

① 由于 G 没有包含负权边的回路,所以任何顶点 i 到自己的最短路径长度均为 0,即

d[i][i]自始至终都为0,任何中间点均不会再优化这个长度,其中,$i \in \{0,1,2,\cdots,n-1\}$。

② 当用中间点 k 对 p 和 d 中所存的各对顶点间当前最优路径进行优化时,以 k 为起始点的所有当前最优路径和以 k 为终点的所有当前最优路径均会维持现状。因为不等式 d[i][k]+d[k][k]<d[i][k]和 d[k][k]+d[k][i]<d[k][i]始终不成立,其中,$i,k \in \{0,1,2,\cdots,n-1\}$。

③ 当用中间点 k 对 p 和 d 中所存的各对顶点间当前最优路径进行优化时,对于任意的 $i,j(i,j,k \in \{0,1,2,\cdots,n-1\},i \neq j,i \neq k,j \neq k)$,虽然优化 d[i][j]的不等式 d[i][k]+d[k][j]<d[i][j]左边应该读取中间点 k 优化前的两个当前最优值,但由于有特性②的保证,使用优化后的值具有同样效果,因为优化前后该值均不变。这就保证了整个优化过程仅使用一个二维数组 d 便能存储各对顶点间各时刻的最优路径长度,直至最终的最短路径长度。

④ 由于前述特性的保证,因此整个优化过程仅使用一个二维数组 p 便能存储各对顶点间各时刻的当前最优路径序列,直至最终的最短路径序列。为了进一步减少存储冗余,每条路径可以只存放最后一次更新时的中间顶点编号(当两点间没有中间点或没有路径时存-1或其他任意负整数)或路径终点的前向顶点编号(即路径倒数第二个顶点编号,无路径则存-1或其他任意负整数),使空间复杂度从 $O(n^3)$ 降为 $O(n^2)$。只需另外编写两个路径构造函数即可满足用户查询,其中只存放中间点的路径需编写递归函数来生成,只存放前向顶点的路径需编写递推(非递归)函数来生成(与 Dijkstra 算法的路径生成函数相同)。

⑤ 中间点的选取顺序可以任意,不过若按顶点编号的递增或递减顺序选取,算法实现将更简便。

根据前述分析,可写出如下用类 C 语言描述的求有向网 G 各对顶点间最短路径的 Floyd 算法,且对无向网同样适用,以及配套的路径序列输出函数 path()。

```
//#define INFINITY 2147483648 //无穷大
//#define MAX 100 //图的最大顶点数
void Floyd(float cost[][MAX],int n)
//利用 Floyd 算法求有向网 G 各对顶点间的最短路径,n 为顶点数,cost 为邻接矩阵
//d 存储各对顶点间各时刻的当前最优路径长度,直至最终的最短路径长度
//p 存储相应路径序列(每条路径只保存中间顶点编号,随着 d 值的更新而动态更新)
{ int i,j,k;
  for(i = 0;i < n;i++ ) //初始化 d 和 p
    for(j = 0;j < n;j++){d[i][j] = cost[i][j];p[i][j] = -1;}
  for(k = 0;k < n;k++ ) //按中间点递增顺序(0,1,2,…,n-1)优化 d 和 p
    for(i = 0;i < n;i++ )
      for(j = 0;j < n;j++ )
        if(d[i][k] + d[k][j] < d[i][j]){d[i][j] = d[i][k] + d[k][j];p[i][j] = k;}
}
```

```
void path(int i,int j)
  //该递归函数从第二个顶点开始输出 i 到 j 的最短路径序列
  { int T=p[i][j];if(T==-1)printf("->%d",j);else{path(i,T);path(T,j);}}
```

Floyd1 是另一种等价于 Floyd 的算法,其变存储路径中间顶点为存储路径倒数第二
个顶点(即终点的前向顶点),相配套的路径序列输出函数为 path1()。

```
void Floyd1(float cost[][MAX],int n)
  //利用 Floyd 算法求有向网 G 各对顶点间的最短路径,n 为顶点数,cost 为邻接矩阵
  //d 存储各对顶点间各时刻的当前最优路径长度,直至最终的最短路径长度
  //p 存储相应路径序列(每条路径只保存倒数第二点即终点的前向顶点编号,随 d 值动态更新)
  { int i,j,k;
    for(i=0;i<n;i++) //初始化 d 和 p
      for(j=0;j<n;j++)
        {d[i][j]=cost[i][j];
         if (i!=j&&cost[i][j]<wqd) p[i][j]=i;else p[i][j]=-1;}
    for(k=0;k<n;k++) //按中间点递增顺序(0,1,2,…,n-1)优化 d 和 p
      for(i=0;i<n;i++)
        for(j=0;j<n;j++)
          if(d[i][k]+d[k][j]<d[i][j]){d[i][j]=d[i][k]+d[k][j];p[i][j]=p[k][j];}
  }
```

```
void path1(int i,int j)
  //该非递归函数从第二个顶点开始输出 i 到 j 的最短路径序列
  { int k,m,b[MAX],p1=p[i][j]; //b[0]至 b[n-1]临时存放 i 到 j 的路径序列(逆序)
    m=0;b[m++]=j;
    //从终点向起点方向倒推构造路径序列存于数组 b
    while(p1!=i){b[m++]=p1;p1=p[i][p1];}
    for(k=m-1;k>=0;k--) printf("->%d",b[k]); //正序输出 b 中所存路径序列
  }
```

5) 算法时间复杂度

设有向网 G 中有 n 个顶点,则 Floyd 算法(或 Floyd1 算法)第一个进行初始化的二重
循环语句的频度为 n^2,第二个进行路径优化的三重循环语句的频度为 n^3,所以 Floyd 算法
的时间复杂度由第二个循环语句的频度决定,为 $O(n^3)$。

1.5.5　Floyd 算法所得解的最优性证明

分析及约定:为叙述方便,暂将各中间点优化前后 p 数组保存的路径均称为当前最优
路径,同时将 p 数组最终保存的当前最优路径(已经过全部 n 个中间点优化)称为备选最
短路径,对路径序列的全部顶点均按其名称在顶点数组 vexs 的存储下标$(0,1,\cdots,n-1)$

进行编号,优化过程的中间点也用此编号。对于无路可达的每对顶点,即无论怎么优化,最终仍然无路可达的,不作讨论,因此这里只讨论有路可达顶点对 i、$j(i,j\in\{0,1,\cdots,n-1\}$,$i\neq j$,$d[i][j]<\infty)$ 间备选最短路径的最优性,并将 i 到 j 的所有可达路径,无论是否各时刻的当前最优路径,统称为候选路径,所有候选路径中的长度最短者称为 i 到 j 的最终最短路径或结果最短路径。由于算法具有描述的多样性,这里对于形式化描述的 Floyd 算法与类 C 语言描述的 Floyd 算法不严格区分,路径的最优性与路径序列的存放方式无关,这里不妨约定 p 数组最终存放的是各条备选最短路径的最新中间点(实际上,前向顶点也是根据中间顶点得来的)。显然,Floyd 算法求得的备选路径均为简单路径(没有重复点),每条路径最多 n 个顶点。p 数组和 d 数组最终存放的均为备选最短路径及其长度(对角线顶点对及不可达顶点对除外),而且对任意 $i,j,k(i,j,k\in\{0,1,\cdots,n-1\}$,$i\neq j$,$i\neq k$,$k\neq j$,$p[i][j]=k$,$d[i][j]<\infty)$ 有 $d[i][j]=d[i][k]+d[k][j]$,即 i 到 j 的备选最短路径由 i 到 k 的备选最短路径与 k 到 j 的备选最短路径经公共点 k 连接而成。接下来的工作就是用数学归纳法证明每一条备选最短路径均为结果最短路径。

证明:除起点和终点外,不含中间点的直达备选最短路径显然是结果最短路径,因为所有中间点都没能对其进一步优化。

只含 1 个中间点的备选最短路径 (i,k,j) 显然也是结果最短路径,因为这条路径的长度比 i 到 j 的直达路径(如果存在)以及 i 经过其他所有中间点到达 j 的路径都短,否则 k 就不会最终保存于 p[i][j]。

假设由 Floyd 算法所求得的途中顶点个数少于 $m(1<m\leqslant n-2)$ 的备选最短路径均为结果最短路径,下面讨论刚好包含 m 个图中顶点的备选最短路径。

令 $L_{ij}(0\leqslant i,j<n,i\neq j)$ 是任意一条这样的备选最短路径,且 $p[i][j]=k(0\leqslant k<n$,$k\neq i,k\neq j)$,即 $L_{ij}=(i,\cdots,k,\cdots,j)$。同时将 i 到 k 的子路径段简记为 L_{ik},k 到 j 的子路径段简记为 L_{kj}。若存在 i 到 j 的某条候选路径 Q_{ij},其长度小于 L_{ij} 的长度,则:

① 如果 Q_{ij} 是直达路径,即不含途中顶点,其长度必为 cost[i][j],满足不等式 cost[i][j]$>$d[i][k]+d[k][j]=d[i][j],与 Q_{ij} 的长度小于 L_{ij} 的长度之假设矛盾。

② 如果 Q_{ij} 途经顶点 k,其 i 到 k 的子路径段为 Q_{ik},k 到 j 的子路径段为 Q_{kj}。由 L_{ij} 的途中顶点数等于 m 可知 L_{ik} 和 L_{kj} 的途中顶点数均小于 m,由归纳假设可知备选最短路径 L_{ik} 和 L_{kj} 均为结果最短路径,从而有 L_{ik} 的长度$\leqslant Q_{ik}$ 的长度,L_{kj} 的长度$\leqslant Q_{kj}$ 的长度。所以有 Q_{ij} 的长度$=Q_{ik}$ 的长度$+Q_{kj}$ 的长度$\geqslant L_{ik}$ 的长度$+L_{kj}$ 的长度=d[i][k]+d[k][j]=d[i][j]=L_{ij} 的长度,这同样与 Q_{ij} 的长度小于 L_{ij} 的长度之假设矛盾。

③ 如果 Q_{ij} 不经过顶点 k,由 Q_{ij} 的长度小于 L_{ij} 的长度说明,另外找到了一条经过某个异于 k 的中间点 r 的 i 到 j 的更优路径,这显然与算法结果 $p[i][j]=k$ 不符,因为 k 是经过所有 n 个中间点的优化比较而得到的。

上述 3 种情况说明,不存在比 L_{ij} 更短的候选路径,即备选最短路径 L_{ij} 就是 i 到 j 的结果最短路径。由 L_{ij} 的任意性即可得出结论:如果由 Floyd 算法所求得的途中顶点个数

少于 $m(1 < m \leqslant n-2)$ 的备选最短路径均为结果最短路径,那么刚好包含 m 个途中顶点的备选最短路径也是结果最短路径。

综上所述,由数学归纳法知,Floyd 算法求出的所有备选最短路径均为结果最短路径。

1.5.6　Floyd 算法实现及应用

本小节给出一个使用 Floyd 算法求有向网各对顶点间最短路径的完整程序以供参考,该程序对无向网同样适用。程序以邻接矩阵为图的存储结构,除了 Floyd 算法的代码实现外,还增加了存储结构建立代码以及最短路径输出代码等。假设原始数据按顶点个数、各顶点名称、各边所依附的顶点及边权的顺序依次存于文本文件。数据间以一个空格分隔,为便于核对,原则上每类数据单独换行,即顶点数在第 1 行,各顶点名称在第 2 行,各边信息从第 3 行开始存放(每边占一行)。程序运行结果中最短路径长度矩阵 d 和序列矩阵 p 均显示于屏幕上,各顶点间最短路径序列及长度存于文件(无路径者未保存),同时提供了任意两顶点(键盘输入)间最短路径序列及长度的查询功能(屏幕显示)。

```
//Floyd 算法求有向网各对顶点间最短路径的完整程序:Floyd 算法 20230506.cpp
//本程序自动使数组 p 存储路径序列终点的前向顶点,即倒数第二点
//测试 p 存储中间顶点功能需同时删除 Floyd1(cost,n);path1f(i,j);path1s(i,j);三个调用语
句的字符 1
    # include< iostream. h >
    # include< iomanip. h >
    # include< stdio. h >
    # include< string. h >
    # define   wqd 2147483648    //无穷大
    # define   MAX 100           //最大顶点数
    # define   N    50           //顶点名称最大字符数
    float d[MAX][MAX];           //全局最短路径长度矩阵
    long int p[MAX][MAX];        //全局最短路径序列矩阵
    FILE * f0, * f1;             //文件指针变量
    char vexs[MAX][N];           //存放顶点名称,下标即为相应顶点的数字化编号,也是邻接矩阵下标
    void Floyd(float cost[][MAX],int n)
    //利用 Floyd 算法求有向网 G 各对顶点间的最短路径,n 为顶点数,cost 为邻接矩阵
    //d 存储各对顶点间各时刻的当前最优路径长度,直至最终的最短路径长度
    //p 存储相应路径序列(每条路径只保存中间顶点编号,随着 d 值的更新而动态更新)
    {int i,j,k;
    for(i = 0;i < n;i ++ )
      for(j = 0;j < n;j ++ ){d[i][j] = cost[i][j];p[i][j] = - 1;}
    for(k = 0;k < n;k ++ )
      for(i = 0;i < n;i ++ )
        for(j = 0;j < n;j ++ )
```

```
          if(d[i][k] + d[k][j] < d[i][j])
            {d[i][j] = d[i][k] + d[k][j];
             p[i][j] = k; //把 i 到 j 的当前最短路径序列中间点修改成 k
            }
    }
void pathf(int i,int j)
    //该递归函数从第二个顶点开始输出 i 到 j 的最短路径序列(存于文件)
    {int T = p[i][j];if(T == -1) fprintf(f1," -> % s",vexs[j]);
                    else{pathf(i,T);pathf(T,j);}}
void paths(int i,int j)
    //该递归函数从第二个顶点开始输出 i 到 j 的最短路径序列(显示于屏幕)
    {int T = p[i][j];if(T == -1)printf(" -> % s",vexs[j]);else{paths(i,T);paths(T,j);}}
void Floyd1(float cost[][MAX],int n)
    //利用 Floyd 算法求有向网 G 各对顶点间的最短路径,n 为顶点数,cost 为邻接矩阵
    //d 存储各对顶点间各时刻的当前最优路径长度,直至最终的最短路径长度
    //p 存储相应路径序列(每条路径只保存倒数第二点即终点的前向顶点编号,随 d 值动态更新)
    {int i,j,k;
     for(i = 0;i < n;i++) //初始化 d 和 p
       for(j = 0;j < n;j++)
         {d[i][j] = cost[i][j];if (i!= j&&cost[i][j] < wqd) p[i][j] = i;else p[i][j] = -1;}
     for(k = 0;k < n;k++) //按中间点递增顺序(0,1,2,…,n-1)优化 d 和 p
       for(i = 0;i < n;i++)
         for(j = 0;j < n;j++)
           if(d[i][k] + d[k][j] < d[i][j])
             {d[i][j] = d[i][k] + d[k][j];
              p[i][j] = p[k][j];
                 //把 i 到 j 的当前最短路径序列倒数第二个点修改成与 k 到 j 的相同
             }
    }
void path1f(int i,int j)
    //该非递归函数从第二个顶点开始输出 i 到 j 的最短路径序列(存于文件)
    {int k,m,b[MAX],p1 = p[i][j]; //b[0]至 b[n-1]临时存放 i 到 j 的路径序列(逆序)
     m = 0;b[m++] = j;
     //从终点向起点方向倒推构造路径序列存于数组 b
     while(p1!= i){b[m++] = p1;p1 = p[i][p1];}
     for(k = m-1;k > = 0;k--)
        fprintf(f1," -> % s",vexs[b[k]]); //正序输出 b 中所存路径序列
    }
void path1s(int i,int j)
    //该非递归函数从第二个顶点开始输出 i 到 j 的最短路径序列(显示于屏幕)
    {int k,m,b[MAX],p1 = p[i][j]; //b[0]至 b[n-1]临时存放 i 到 j 的路径序列(逆序)
     m = 0;b[m++] = j;
     //从终点向起点方向倒推构造路径序列存于数组 b
     while(p1!= i){b[m++] = p1;p1 = p[i][p1];}
```

```
        for(k=m-1;k>=0;k--) printf("->%s",vexs[b[k]]); //正序输出 b 中所存路径序列
    }
void print(float h[][MAX],int n) //输出最短路径长度矩阵 d
    {int i,j;for(i=0;i<n;i++)
                {cout<<endl;for(j=0;j<n;j++) printf("%14.0f",h[i][j]);cout<<endl;}
        cout<<endl;}
void print1(long int h[][MAX],int n) //输出最短路径序列矩阵 p
    {int i,j;for(i=0;i<n;i++)
                {cout<<endl;for(j=0;j<n;j++) cout<<setw(6)<<h[i][j];cout<<endl;}
        cout<<endl;}
void main()
    {int i,j,k,m,n;
    float d1,cost[MAX][MAX];              //cost 存放邻接矩阵
    char vi[N],vj[N];                     //顶点名称字符串变量
    char fn[N];                           //文件名称字符串变量
    cout<<"please input source file name:";cin>>fn; //键盘接收原始数据文件名
    //可输入测试文件名 distg14-1.txt,dist15-1.txt,dist17-1.txt,dist21-1.txt 等
    f0=fopen(fn,"r");fscanf(f0,"%d",&n); //从文件读取实际顶点数
    //初始化邻接矩阵所有元素为无穷大
    for(i=0;i<n;i++)for(j=0;j<n;j++) cost[i][j]=wqd;
    for(j=0;j<n;j++) cost[j][j]=0; //邻接矩阵对角线元素清 0
    //从文件读取各顶点名称存入数组 vexs
    for (i=0;i<n;i++) fscanf(f0,"%s",vexs[i]);
    while (!feof(f0)) //从文件读入各边所依附顶点及边权,并据此更新邻接矩阵对应元素
        {fscanf(f0,"%s%s%f",vi,vj,&d1);
            for(k=0;k<n;k++){if(strcmp(vi,vexs[k])==0)i=k;if(strcmp(vj,vexs[k])==0)j=k;}
            cost[i][j]=d1;}
    fclose(f0);
    //Floyd(cost,n); //调用 Floyd 算法构造最短路径长度矩阵 d 及序列矩阵 p(只存中间顶点)
    Floyd1(cost,n); //调用 Floyd1 算法构造最短路径长度矩阵 d 及序列矩阵 p(只存前向顶点)
    print(d,n);print1(p,n); //输出最短路径长度矩阵 d 及序列矩阵 p
    cout<<"please input target file name:";cin>>fn; //键盘接收结果数据文件名
    f1=fopen(fn,"w");
    //将各顶点对间的最短路径序列及长度写入文件(无路径者未写入相关信息)
    for(i=0;i<n;i++)
        for(j=0;j<n;j++)
            if(i!=j&&d[i][j]<wqd)
                {fprintf(f1,"%s",vexs[i]);
                //pathf(i,j); //调用根据中间顶点形成最短路径序列并输出到文件的递归算法
                path1f(i,j); //调用根据前向顶点形成最短路径序列并输出到文件的非递归算法
                fprintf(f1,": %4.0f\n",d[i][j]);}
    fclose(f1);
    m=1;
    while(m) //查询键盘所输入顶点对间的最短路径及长度(显示于屏幕)
```

```
{printf("请输入起点和终点名称(以空格分隔,如果两者相同或均不在网内则退出程序):");
 scanf(" % s % s",vi,vj);
 i = -1;j = -1;
 for(k = 0;k < n;k ++ )
    {if(strcmp(vi,vexs[k]) == 0) i = k; if(strcmp(vj,vexs[k]) == 0) j = k;}
 if (i == j) i = j = -1;
 if(i >= 0&&i < n&j >= 0&&j < n)
    if(d[i][j]< wqd){printf(" % s",vexs[i]);
                    //调用根据中间顶点形成最短路径序列并显示的递归算法
                    //paths(i,j);
                    //调用根据前向顶点形成最短路径序列并显示的非递归算法
                    path1s(i,j);
                    printf(": % 4.0f\n",d[i][j]);}
         else printf("无路径\n");
    else if(i == -1&&j == -1)m = 0;
 }
}
```

以上程序的测试实例 1 的数据取自文本文件,表示的是如图 1-5 所示的带权有向网 G_1,如下:

```
7
V1  V2  V3  V4  V5  V6  V7
V1  V2  25
V1  V3  2
V1  V4  12
V2  V5  6
V3  V5  18
V3  V6  4
V5  V7  9
V6  V4  5
V6  V7  2
V7  V2  4
V7  V4  2
```

测试实例 1 下的运行结果 1(最短路径长度矩阵屏幕截图及前向顶点表示的序列矩阵屏幕截图):

47

0	12	2	10	18	6	8
2147483648	0	2147483648	17	6	2147483648	15
2147483648	10	0	8	16	4	6
2147483648	2147483648	2147483648	0	2147483648	2147483648	2147483648
2147483648	13	2147483648	11	0	2147483648	9
2147483648	6	2147483648	4	12	0	2
2147483648	4	2147483648	2	10	2147483648	0

-1	6	0	6	1	2	5
-1	-1	-1	6	1	-1	4
-1	6	-1	6	1	2	5
-1	-1	-1	-1	-1	-1	-1
-1	6	-1	6	-1	-1	4
-1	6	-1	6	1	-1	5
-1	6	-1	6	1	-1	-1

测试实例 1 下的运行结果 2(所有顶点间的最短路径序列及长度,取自结果文件):

```
V1 -> V3 -> V6 -> V7 -> V2：  12
V1 -> V3：   2
V1 -> V3 -> V6 -> V7 -> V4：  10
V1 -> V3 -> V6 -> V7 -> V2 -> V5：  18
V1 -> V3 -> V6：   6
V1 -> V3 -> V6 -> V7：   8
V2 -> V5 -> V7 -> V4：  17
V2 -> V5：   6
V2 -> V5 -> V7：  15
V3 -> V6 -> V7 -> V2：  10
V3 -> V6 -> V7 -> V4：   8
V3 -> V6 -> V7 -> V2 -> V5：  16
V3 -> V6：   4
V3 -> V6 -> V7：   6
V5 -> V7 -> V2：  13
V5 -> V7 -> V4：  11
V5 -> V7：   9
V6 -> V7 -> V2：   6
V6 -> V7 -> V4：   4
V6 -> V7 -> V2 -> V5：  12
V6 -> V7：   2
```

```
V7 -> V2:    4
V7 -> V4:    2
V7 -> V2 -> V5:   10
```

测试实例 1 下的运行结果 3(以中间顶点表示的最短路径序列矩阵屏幕截图,长度阵及路径序列等同前):

-1	6	-1	6	6	2	5
-1	-1	-1	6	-1	-1	4
-1	6	-1	6	6	-1	5
-1	-1	-1	-1	-1	-1	-1
-1	6	-1	6	-1	-1	-1
-1	6	-1	6	6	-1	-1
-1	-1	-1	-1	-1	-1	-1

测试实例 2 的数据如下,表示的是如图 1-6 所示的含负权的有向网 G_2:

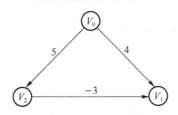

图 1-6 含负权的有向网 G_2

```
3
V0   V1   V2
V0   V1   4
V0   V2   5
V2   V1   -3
```

测试实例 2 下的运行结果 1(最短路径长度矩阵屏幕截图及前向顶点表示的序列矩阵屏幕截图):

0	2	5
2147483648	0	2147483648
2147483648	-3	0

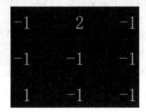

测试实例 2 下的运行结果 2(所有顶点间的最短路径序列及长度,取自结果文件):

```
V0 -> V2 -> V1:   2
V0 -> V2:     5
V2 -> V1:    -3
```

测试实例 2 下的运行结果 3(以中间顶点表示的最短路径序列矩阵屏幕截图,长度阵及路径序列等同前):

1.5.7 求单源最短路径的一个新算法

1) 问题引入及描述

Dijkstra 算法不能求解有负权边的有向网的单源最短路径问题。比如,对于如图 1-6 所示的边权有负值的简单有向网 G_2 而言,若用 Dijkstra 算法求解,则源点 v_0 到 v_1 的最短路径为 (v_0,v_1),长度为 4,但 v_0 到 v_1 的真实最短路径为 (v_0,v_2,v_1),长度为 2,显然 Dijkstra 算法此时不再适用。对于带有负权边的有向网 G 的单源最短路径问题,可借用前述 Floyd 算法解决,也可使用另一个经典算法——Bellman-Ford 来解决,此处不赘述。这里,作者给出另一个改进算法以供参考。

2) 算法设计及分析

(1) 有关约定

与 Dijkstra 算法类似,仍假设有向网 G 的各顶点信息 $v_1,v_2,\cdots,v_n$ 等已存入顶点数组 vexs 的 vexs[0]~vexs[n-1],即各顶点在内存数字化后的编号为 $0,1,2,\cdots,n-1$,也就是在数组 vexs 的存储下标。G 的各有向边及其权值已存入邻接矩阵 cost,cost 的行列下标取值范围均为 $0,1,2,\cdots,n-1$,也就是各顶点的数字化编号,cost[i][j]存储的就是边 $<i,j>$ 上的权值。也使用有向网的带权邻接表存储 G,在具体算法中进一步说明。

仍设 v 为源点,并使用 3 个一维数组 s,p,w 辅助实现,各数组的下标对应顶点编号 $0,1,2,\cdots,n-1$。s 数组的元素只取 0、1 二值,s[i]的作用是记录源点 v 到 i 的当前最短路径是否在某趟优化中被更新(0 表示无,1 表示有)。p 数组用于动态记录 v 到各顶点的当前最短路径。w 数组存放对应路径长度,具体地:为节省存储空间,p[i]只保存源点 v 到顶点 i 的当前最短路径上顶点 i 的前方顶点,即当前最短路径的倒数第二个顶点,同时用 w[i]保存这条路径的长度。也就是说,从源点 v 到顶点 i 当前所求得的最短路径为(v, …,p[i],i),由此可根据 p 数组的信息来反向查找出源点 v 到顶点 i 的最短路径上的所有顶点,其中,$i \in \{0,1,2,\cdots,n-1\}$。

(2) 算法思想

① 如果有向网 G 不包含任何回路,则从源点 v 开始按拓扑顺序动态优化所有 v 可到达顶点的当前最短路径即可。该方法属于动态规划法,类似于在 AOE-网(Activity On Edge)中求各顶点事件的最早发生时间(源点至各顶点的最长路径长度),差别在于这里求的是最短路径。具体思路是,任选一个入度为 0 的顶点 i,对其所有邻接顶点 j 均按如下原则进行优化,直至处理完全部入度为 0 的顶点:首先将顶点 j 的入度减 1,然后判定条件 w[i]+cost[i][j]<w[j]是否满足,如果满足就将 w[j]更新为 w[i]+cost[i][j],同时将 p[j]更新为 i。

② 如果有向网 G 包含回路,且某回路包含负权边,则问题本身无意义,因为源点经该负权边可到达的顶点,路径长度均为 $-\infty$,即不存在最短路径。

③ 如果有向网 G 包含回路,但回路均不包含负权边,则首先按①中方法处理所有入度为 0 的顶点,并用 s[i]记录处理过程中源点 v 到 i 的当前最短路径被更新过的顶点,然后对余下入度不为 0 的顶点使用局部搜索法(变换法)进一步优化。具体思路是,任选一个入度不为 0 的顶点 i,对其所有邻接顶点 j 均按如下原则进行变换优化,直至处理完全部入度不为 0 的顶点:如果 s[i]的值为 1,就将其值改为 0,然后将满足条件 w[i]+cost[i][j]<w[j]的 w[j]更新为 w[i]+cost[i][j],同时将对应的 p[j]更新为 i,s[j]更新为 1。该变换优化过程的结束条件是,全部入度非 0 顶点对应的 s 值均为 0。

(3) 类 C 语言描述的算法

根据前述分析,可写出如下用类 C 语言描述的求有向网 G 单源最短路径的改进算法 Cgz 及相关说明。

```
/ * 说明部分开始
# include< stack >
using namespace std;
# define INFINITY 2147483648 //无穷大
# define MAX 100 //图的最大顶点数
typedef char VertexType[20]; //图的顶点名称
typedef enum{DG,DN,UDG,UDN}GraphKind; //图的类型:有向图、有向网、无向图、无向网
typedef struct ArcNode
                {int adjvex; //顶点编号
                 float weight; //对应边权
                 struct ArcNode * nextarc; //指向下一(链表)结点的指针
```

```
                    }ArcNode; //图的邻接表存储结构的链表结点类型
typedef struct VNode
                    {VertexType data; //顶点名称
                     ArcNode * firstarc; //指向 data 的第一个邻接顶点(对应链表结点)的指针
                    }VNode; //图的邻接表存储结构的顶点数组元素类型
typedef struct
        {VNode vertices[MAX]; //存放顶点名称及对应邻接链表头指针,数组下标即顶点编号
         int vexNum,arcNum; //图的实际顶点数、边数
         GraphKind kind; //图的实际类型
        }ALGraph; //图的邻接表存储结构类型
int p[MAX],s[MAX],u[MAX],indegree[MAX];float w[MAX];
stack<int>sk; //sk 栈用于动态保存入度为 0 顶点的编号(也可用队列实现同样功能)
说明部分结束 * /
bool Cgz(ALGraph G,int v) //ALGraph 为有向网 G 的邻接表存储结构类型
  {int i,j,k,t,m,n,count = 0;float d;ArcNode * q, * r;
   n = G.vexNum; //n 为有向网 G 的顶点数
   for(i = 0;i<n;i++){s[i] = 0;w[i] = INFINITY;p[i] = -1;} //初始化数组 s、p、w
   q = G.vertices[v].firstarc;
   while(q) //初始化 v 的邻接点 k 的当前最短路径及其长度,同时更改对应标志 s[k]为 1
     {k = q->adjvex;p[k] = v;w[k] = q->weight;s[k] = 1;q = q->nextarc;}
   for(i = 0;i<n;i++) //删除邻接表中数据域 adjvex 等于 v 的结点以保证 v 的入度为 0
     if(i! = v)
       {q = G.vertices[i].firstarc;
        if(q)if(q->adjvex == v){G.vertices[i].firstarc = q->nextarc;delete q;}
             else{r = q;q = q->nextarc;
                   while(q) if (q->adjvex == v)
                           {r->nextarc = q->nextarc;delete q;q = NULL;}
                           else{r = q;q = q->nextarc;}
                  }
       }
   findIndegree(G,indegree); //统计各顶点入度存入全局数组 indegree
   for(i = 0;i<n;i++)if(i! = v&&indegree[i] == 0)sk.push(i); //入度为 0 的顶点编号入栈
   sk.push(v); //源点最后单独入栈,以便优先处理
   w[v] = 0;p[v] = -1; //初始化源点到自己的最短路径序列及长度,以保证整个算法的统一性
   while(! sk.empty()) //只要栈内有顶点(入度为 0),就弹出并优化其邻接顶点
     //栈顶元素出栈到 i,并针对该即将处理的入度为 0 顶点计数
     {i = sk.top();sk.pop();count ++;
      q = G.vertices[i].firstarc;
      while(q) //i 号点的所有邻接点的入度减 1 并优化其当前最短路径
        {k = q->adjvex;indegree[k] --;
         //如果 i 的某个邻接点 k 入度变成 0,则将其入栈
         if(indegree[k] == 0)sk.push(k);
         d = w[i] + q->weight;
```

```
                    //更新 v 到 k 的当前最短路径并置对应标志 s[k]为 1
                    if(d < w[k]){w[k] = d;p[k] = i;s[k] = 1;}
                    q = q -> nextarc;}
        }
    cout <<"count = "<< count << endl;
    if(count < n) //前述动态规划法未能处理全部顶点,说明 G 存在回路,下面继续局部搜索处理
      {j = n - count - 1;
        //建立当前入度非 0 顶点的索引数组 u
        for(i = 0;i < n;i ++)if(indegree[i]! = 0)u[j -- ] = i;
        count = n - count; //count 为当前入度非 0 顶点个数
        j = 1; //j 记录下述标号 jixu 开始的直到型循环的趟数
        m = 0; //m 记录各趟是否有更新(每趟开始前清 0,有更新则置 1)
    jixu:
        //对当前入度非 0 的每一个顶点 i 优化其所有邻接点的当前最短路径
        for(t = 0;t < count;t ++)
          {i = u[t];
            //优化前提是此刻(当前 t 值)前 v 到 i 的当前最短路径被更新过,即 s[i]已被置 1
            if(s[i])
              {s[i] = 0;q = G.vertices[i].firstarc;
                while(q) //优化 i 的邻接点的当前最短路径及其长度
                  {k = q -> adjvex;
                    d = w[i] + q -> weight;
                    //d < w[k]就更新 v 到 k 的当前最短路径并置标志 m、s[k]为 1
                    if(d < w[k]){p[k] = i;w[k] = d;s[k] = 1;m = 1;}
                    q = q -> nextarc;}
              }
          }
        //前一趟有优化就继续,但最多做 count 趟有效优化
        if(m&&j <= count){m = 0;j ++ ;goto jixu;}
        cout <<"共进行了"<< j <<"趟补充优化"<< endl;
        if(j <= count)return 1;
        //用局部搜索法(变换法)成功进行了剩余入度非 0 顶点的当前路径优化
        else return 0; //趟数超过剩余入度非 0 顶点个数 count,说明 G 含负权边回路,优化失败
      }
    else return 1; //前述拓扑方法(动态规划法)已处理完全部顶点,说明 G 不存在回路
}
```

（4）算法时间复杂度

假设有向网 G 的顶点数为 n,边数为 e。Cgz 算法整体可划分为初始化(含预处理)、拓扑优化(动态规划法)、局部搜索优化(变换法)这 3 个部分。初始化部分的时间复杂度显然为 $O(n+e)$。拓扑优化部分的最坏情况时间复杂度为 $O(e)$,当 G 不含回路时为最坏情况,这时局部搜索优化部分的时间复杂度为 $O(1)$。由此可知,整个算法最好情况的时

间复杂度为 $O(n+e)$，而最坏情况时间复杂度取决于局部搜索优化部分。如果经预处理后 G 中只有源点的入度为 0，其余顶点删除源点直接指向它的边后入度均不为 0，且有包含负权边的回路，这时局部搜索优化部分的时间复杂度达到最坏情况 $O(ne)$。因此，整个算法最坏情况下的时间复杂度为 $O(ne)$，最好情况下的为 $O(n+e)$，平均情况介于两者之间，在 G 不包含负权边回路的正常情况下远低于 $O(ne)$，与 $O(n+e)$ 非常接近。如果只用顶点数 n 表示，则当边数接近 n 时（比如所有顶点仅在同一条路径上，图中不含其他边），时间复杂度为 $O(n)$，呈线性量级；当边数接近 n^2（比如 G 是完全图）且含负权时，时间复杂度可能达到最坏情况 $O(n^3)$，呈立方量级。

Dijkstra 算法的时间复杂度固定为 $O(n^2)$，但不能处理含负权边的图；Floyd 算法的时间复杂度固定为 $O(n^3)$，能处理含负权边且负权边不在回路上的图，但对于含负权边回路的图而言，该算法无法自动识别，会导致运行结果混乱，使路径生成子算法进入死循环状态；Cgz 算法的平均时间复杂度介于线性量级与立方量级之间，能处理含负权边且负权边不在回路上的图，对于含负权边回路的图也能自动识别且给出提示信息，不会提供错误结论或进入死循环状态。

3）算法实现及应用

本小节给出一个使用 Cgz 算法求有向网单源最短路径的完整程序以供参考。程序以邻接表为图的存储结构，除了 Cgz 算法的代码实现外，还增加了存储结构的建立函数 createGraph() 以及最短路径输出函数 shortPath_Cgz() 等。假设原始数据按顶点个数、各顶点名称、各边所依附的顶点及边权这样的顺序依次存于文本文件。数据间以一个空格分隔，为便于核对，原则上每类数据单独换行，即顶点数在第一行，各顶点名称在第二行，各边信息从第三行开始存放（每边占一行）。计算结果显示于屏幕（如果实际问题需要，也可改写入文件）。

```
//Cgz算法求有向网单源最短路径的完整程序:Cgz算法20230615.cpp
# include "iostream.h"
# include "iomanip.h"
# include "stdlib.h"
# include <stdio.h>
# include <string.h>
# include <stack>
using namespace std;
# define INFINITY 2147483648 //无穷大
# define MAX 100 //图的最大顶点数
typedef char VertexType[20]; //图的顶点名称
typedef enum{DG,DN,UDG,UDN}GraphKind; //图的类型:有向图、有向网、无向图、无向网
typedef struct ArcNode
                {int adjvex; //顶点编号
                 float weight; //对应边权
```

```
                    struct ArcNode * nextarc; //指向下一(链表)结点的指针
                  }ArcNode; //图的邻接表存储结构的链表结点类型
typedef struct VNode
                {VertexType data; //顶点名称
                  ArcNode * firstarc; //指向 data 的第一个邻接顶点(对应链表结点)的指针
                  }VNode; //图的邻接表存储结构的顶点数组元素类型
typedef struct
              {VNode vertices[MAX]; //存放顶点名称及对应邻接链表头指针,数组下标即顶点编号
                int vexNum,arcNum; //图的实际顶点数、边数
                GraphKind kind; //图的实际类型
                }ALGraph; //图的邻接表存储结构类型
int p[MAX],s[MAX],u[MAX],indegree[MAX];float w[MAX];
stack < int > sk; //sk 栈用于动态保存入度为 0 顶点的编号(也可用队列实现同样功能)
void findIndegree(ALGraph &G,int indegree[]) //统计各顶点入度存入数组 indegree
  {int i;ArcNode * q;for(i = 0;i < G.vexNum;i + + )indegree[i] = 0;
    for(i = 0;i < G.vexNum;i + + )
      {q = G.vertices[i].firstarc;while(q){indegree[q - >adjvex] + + ;q = q - >nextarc;}}}
int locateVex(ALGraph &G,VertexType v) //根据顶点名称 v 查编号,即在顶点数组中的存放下标
  {int i;
    for(i = 0;i < G.vexNum;i + + )
      if(strcmp(G.vertices[i].data,v) = = 0)return i;return - 1;}
void createGraph(ALGraph &G) //建立有向网 G 的邻接表存储结构,原始数据从文本文件读取
  {VertexType v1,v2;float d;int i,j,k;ArcNode * q;FILE * f;char fn[100];G.kind = DN; //有向网
    cout <<"please input source file name:";cin >> fn;f = fopen(fn,"r");
    //可输入测试文件名 distG13 - 1.txt,…,txtdistG17 - 1.txt,distG21 - 1.txt 等
    fscanf(f," % d",&G.vexNum); //如果文件有边数则 fscanf(f," % d % d",&G.vexNum,&G.arcNum);
    cout <<" "<< G.vexNum << endl;//或 cout << G.vexNum <<"  "<< G.arcNum << endl;
    for(i = 0;i < G.vexNum;+ + i) //读入顶点名称并初始化相应邻接表头指针
      {fscanf(f," % s",G.vertices[i].data);G.vertices[i].firstarc = NULL;}
    for (i = 0;i < G.vexNum;i + + ) cout <<" "<< G.vertices[i].data;cout << endl;
    //如果已知边数,可用该结构 for(k = 0;k < G.arcNum;+ + k)替换下述 while 结构
    while (! feof(f)) //读入各边信息并建立相应邻接链表结点
      {fscanf(f," % s % s % f",v1,v2,&d);cout <<" "<< v1 <<" - >"<< v2 <<":"<< d << endl;
        if((i = locateVex(G,v1)) = = - 1)return ;if((j = locateVex(G,v2)) = = - 1)return ;
        q = new ArcNode;q - > weight = d;q - > adjvex = j;q - > nextarc = G.vertices[i].firstarc;
          G.vertices[i].firstarc = q;}
    fclose(f);
  }
bool Cgz(ALGraph G,int v) //ALGraph 为有向网 G 的邻接表存储结构类型
  {int i,j,k,t,m,n,count = 0;float d;ArcNode * q, * r;
    n = G.vexNum; //n 为有向网 G 的顶点数
```

```
for(i=0;i<n;i++){s[i]=0;w[i]=INFINITY;p[i]=-1;}  //初始化数组 s、p、w
q=G.vertices[v].firstarc;
while(q)  //初始化 v 的邻接点 k 的当前最短路径及其长度,同时更改对应标志 s[k]为 1
  {k=q->adjvex;p[k]=v;w[k]=q->weight;s[k]=1;q=q->nextarc;}
for(i=0;i<n;i++)  //删除邻接表中数据域 adjvex 等于 v 的结点以保证 v 的入度为 0
  if(i!=v)
    {q=G.vertices[i].firstarc;
      if(q)if(q->adjvex==v){G.vertices[i].firstarc=q->nextarc;delete q;}
            else{r=q;q=q->nextarc;
                  while(q) if(q->adjvex==v){r->nextarc=q->nextarc;delete q;q=NULL;}
                          else{r=q;q=q->nextarc;}
                }
    }

findIndegree(G,indegree);  //统计各顶点入度存入全局数组 indegree
for(i=0;i<n;i++)if(i!=v&&indegree[i]==0)sk.push(i);  //入度为 0 的顶点编号入栈
sk.push(v);  //源点最后单独入栈,以便优先处理
w[v]=0;p[v]=-1;  //初始化源点到自己的最短路径序列及长度,以保证整个算法的统一性
while(!sk.empty())  //只要栈内有顶点(入度为 0),就弹出并优化其邻接顶点
  //栈顶元素出栈到 i,并针对该即将处理的入度为 0 顶点计数
  {i=sk.top();sk.pop();count++;
    q=G.vertices[i].firstarc;
    while(q)  //i 号点的所有邻接点的入度减 1 并优化其当前最短路径
        {k=q->adjvex;indegree[k]--;
          //如果 i 的某个邻接点 k 入度变成 0,则将其入栈
          if(indegree[k]==0)sk.push(k);
          d=w[i]+q->weight;
          //更新 v 到 k 的当前最短路径并置对应标志 s[k]为 1
          if(d<w[k]){w[k]=d;p[k]=i;s[k]=1;}
          q=q->nextarc;}
  }
printf(" 拓扑优化部分处理了 %d 个顶点",count);
if(count<n)  //前述动态规划法未能处理全部顶点,说明 G 存在回路,下面继续局部搜索处理
  {j=n-count-1;
    //建立当前入度非 0 顶点的索引数组 u
    for(i=0;i<n;i++)if(indegree[i]!=0)u[j--]=i;
    count=n-count;  //count 为当前入度非 0 顶点个数
    j=1;  //j 记录下述标号 jixu 开始的直到型循环的趟数
    m=0;  //m 记录各趟是否有更新(每趟开始前清 0,有更新则置 1)
jixu:
    //对当前入度非 0 的每一个顶点 i 优化其所有邻接点的当前最短路径
    for(t=0;t<count;t++)
```

```
        {i = u[t];
        //优化前提是此刻(当前 t 值)前 v 到 i 的当前最短路径被更新过,即 s[i]已被置 1
          if(s[i])
          {s[i] = 0;q = G.vertices[i].firstarc;
            while(q) //优化 i 的邻接点的当前最短路径及其长度
                {k = q -> adjvex;
                 d = w[i] + q -> weight;
                 //d < w[k]就更新 v 到 k 的当前最短路径并置标志 m、s[k]为 1
                 if(d < w[k]){p[k] = i;w[k] = d;s[k] = 1;m = 1;}
                 q = q -> nextarc;}
            }
        }
      if(m&&j < = count){m = 0;j + + ;goto jixu;} //前一趟有优化就继续,但最多做 count 趟有效优化
      cout <<",剩余"<< count <<"个顶点共进行了"<< j <<"趟局部搜索优化";
      if(j < = count)return 1; //用局部搜索法(变换法)成功进行了剩余入度非 0 顶点的当前路径优化
      else return 0; //趟数超过剩余入度非 0 顶点个数 count,说明 G 含负权边回路,优化失败
      }
    else return 1; //前述拓扑方法(动态规划法)已处理完全部顶点,说明 G 不存在回路
  }
void shortPath_Cgz(ALGraph &G,int v)
  {//先调用 Cgz 算法求有向网 G 从源点 v 到其余各顶点的最短路径及长度分别存入 p、w 数组
  //然后根据 p、w 形成并输出各条最短路径,同时输出其长度
  int b[100];int i,j,q,m,n = G.vexNum;
  if(! Cgz(G,v)){cout << endl <<" 该有向网含负权回路"<< endl;return;}else cout << endl;
  for(i = 0;i < n;i + + )
      if(i! = v)
      {printf(" 起点:%s,终点:%s   最短路径:",G.vertices[v].data,G.vertices[i].data);
      q = p[i];
      if(q = = - 1)printf("无\n");
      else{m = 0;b[m + + ] = i; //根据 p 将 v 到 i 的最短路径序列逆序存入数组 b
          while(q! = v){b[m + + ] = q;q = p[q];}
          b[m] = v; //根据 b 正序输出 v 到 i 的最短路径序列(以顶点名称表示)
          for(j = m;j > 0;j - - )printf(" %s ->",G.vertices[b[j]].data);
          printf(" %s,长度:%2.0f\n",G.vertices[b[0]].data,w[i]);}
          }
    }
void main()
  {int v;ALGraph G;createGraph(G);printf("源点编号:");scanf(" %d",&v);
   if(v > = 0&&v < G.vexNum)shortPath_Cgz(G,v);}
```

以上程序的测试实例 1 的数据取自如图 1-5 所示的有向网 G_1 对应文件,为节省篇幅,此处不重复数据及图形。

测试实例 1 下的运行结果(V1 至其余各顶点最短路径同 1.5.3 节中利用 Dijkstra 算法求有向网单源最短路径的程序,参见屏幕截图):

```
拓扑优化部分处理了3个顶点, 剩余4个顶点共进行了2趟局部搜索优化
起点:V1,终点:V2 最短路径:V1->V3->V6->V7->V2,长度:12
起点:V1,终点:V3 最短路径:V1->V3,长度:2
起点:V1,终点:V4 最短路径:V1->V3->V6->V7->V4,长度:10
起点:V1,终点:V5 最短路径:V1->V3->V6->V7->V2->V5,长度:18
起点:V1,终点:V6 最短路径:V1->V3->V6,长度:6
起点:V1,终点:V7 最短路径:V1->V3->V6->V7,长度:8
```

测试实例 2 的数据取自图 1-6 所示有向网 G_2 对应文件,为节省篇幅,此处不重复数据及图形。

测试实例 2 下的运行结果(V0 至其余各顶点最短路径同 1.5.6 节中利用 Floyd 算法求有向网各对顶点间的最短路径的程序,参见屏幕截图):

```
3
V0 V1 V2
V0->V1:4
V0->V2:5
V2->V1:-3
源点编号:0
拓扑优化部分处理了3个顶点
起点:V0,终点:V1 最短路径:V0->V2->V1,长度:2
起点:V0,终点:V2 最短路径:V0->V2,长度:5
```

测试实例 3 的数据如下,表示的是如图 1-7 所示含负权回路的有向网 G_3:

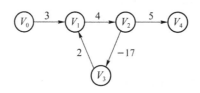

图 1-7　含负权回路的有向网 G_3

```
5
V0  V1  V2  V3  V4
V0  V1  3
V1  V2  4
V2  V3  -17
V2  V4  5
V3  V1  2
```

测试实例 3 下的运行结果(V0 至其余各顶点不存在最短路径,参见屏幕截图):

```
5
V0 V1 V2 V3 V4
V0->V1:3
V1->V2:4
V2->V3:-17
V2->V4:5
V3->V1:2
源点编号:0
拓扑优化部分处理了1个顶点，  剩余4个顶点共进行了5趟局部搜索优化
该有向网含负权回路
```

1.6　最优二叉树问题[11-13]

1.6.1　问题引入及描述

1) 问题引入

为了解决某些判定问题,往往需要设计出最佳判定算法,而在数据通信及传输、存储中常常需要进行二进制压缩编码。最优二叉树是一类带权路径长度最短的二叉树,可用于辅助解决这方面的问题,Huffman 最早提出了构造最优二叉树的算法(简称哈夫曼算法),最优二叉树又称哈夫曼树(Huffman Tree)。

2) 概念界定

路径和路径长度:树是一个特殊的有向图,树中任何结点到其后代(子孙)结点都存在一条有向路径,这条路径可用起点与终点间所依次经过的结点序列表示,也可用所依次经过的分支(有向边)表示,路径上分支的数目称为路径长度。

结点的带权路径长度:树根到某结点的路径长度与该结点所带权值的乘积。

树的带权路径长度(Weighted Path Length,WPL):树中所有叶子结点(假设共 n 个)的带权路径长度之和,即 $\mathrm{WPL}=\sum\limits_{i=1}^{n} w_i l_i$,其中 w_i 和 l_i 分别为第 i 个叶子结点的权值和根到该结点的路径长度。

最优二叉树:叶子带有同一组权值的所有二叉树中,树的 WPL 最小的二叉树称为最优二叉树,或哈夫曼树。

1952 年,Huffman 提出了构造最优二叉树的算法——哈夫曼算法,下面进行详细讨论。

1.6.2　Huffman 算法分析

1) 算法思想

① 根据给定的 n 个权值 $\{w_1, w_2, \cdots, w_n\}$ 形成 n 棵孤立点二叉树的集合 $F=\{T_1, T_2, \cdots, T_n\}$,其中,每棵二叉树 T_i 只有一个带权为 w_i 的根结点,左右子树均为空;

② 在 F 中选取根结点权值最小和次小的两棵二叉树分别作为左右子树,并合并构成一棵新的二叉树,且置新二叉树根结点的权值为其左右子树根结点的权值之和;

③ 重复②,直到 F 中只剩下一棵二叉树为止。这棵二叉树便是所需构造的哈夫曼树。

2) 类 C 语言描述的算法

在哈夫曼树构造过程中,需反复访问结点双亲,故在二叉树结点结构中除了设置 lchild 域和 rchild 域,还需增设 parent 域以指示双亲结点位置,同时增设 weight 域存放结点的权值。

哈夫曼树的结点存储类型 HTNode 定义为

```
typedef struct { long int weight;    //权值,实际权值带小数时可放大为整数
                int lchild, rchild, parent;    //左右孩子及双亲指针(使用静态链表存储)
                } HTNode;
```

根据前述分析,可写出如下用类 C 语言描述的构造哈夫曼树的算法 HuffmanTree()。

```
void HuffmanTree(HTNode HT[],long int w[],int n)
//由给定的 n 个权值(w[1]~w[n])构造哈夫曼树 HT;构造结束后 HT[2n-1]为哈夫曼树的根
//即哈夫曼树以静态链表方式存储于结构数组 HT,HT[0]为每次选择最小值结点时的辅助结点
//HT[1]~HT[n]为叶结点(终端结点),HT[n+1]~HT[2n-1]为内部结点(分支结点)
 {int m = 2 * n,i,s1,s2;
    if(n<=1) return;
    //根据给定权值初始化 n 棵孤立结点(最终的叶结点)二叉树,指针域为 0 表示空
    for(i=1;i<=n;i++)
        { HT[i].weight = w[i];HT[i].lchild = 0;HT[i].rchild = 0;HT[i].parent = 0; }
    //初始化内部结点
    for(i=n+1;i<m;i++)HT[i].weight = HT[i].lchild = HT[i].rchild = HT[i].parent = 0;
    for(i=n+1;i<m;i++)//共进行 n-1 次合并,新结点依次存于 HT[n+1]~HT[m-1]中
        {select(HT,i-1,s1,s2); //从 HT 选择两个权值最小的结点,并由参数 s1 和 s2 返回其下标
        HT[s1].parent = HT[s2].parent = i;HT[i].weight = HT[s1].weight + HT[s2].weight;
        HT[i].lchild = s1; //最小权值结点是新结点的左孩子
        HT[i].rchild = s2; //次小权值结点是新结点的右孩子
        }
 }
```

3) 时间复杂度

很明显,前述哈夫曼算法的执行时间主要决定于第 3 个一重循环语句,因为其循环体中函数调用 select(HT,i-1,s1,s2);执行一次又相当于耗费了一个关于 n 的线性量级的时间,所以整个算法的时间复杂度实际为 $O(n^2)$。

1.6.3 Huffman 算法所得解的最优性证明

1) 有关约定及分析

① 如果叶子结点带同一组权的两棵二叉树的带权路径长度相等,则称这两棵二叉树等价。

② 如果某棵叶子带权二叉树(以下简称为带权二叉树)的带权路径长度是所有带同一组权的二叉树中最小的,则称为最优二叉树。

③ 在最优二叉树中,处于不同层次的叶结点的权值如果不相等,则它们是不可互换位置的,互换后整棵二叉树的带权路径长度就会变大。其实质就是,在最优二叉树中层次号越大的叶结点所带的权越小,层次号越小的叶结点所带的权越大。层次号减 1 就是相应结点的路径长度,即根结点到该叶结点的分支(边)数。

④ 将任何一棵带权二叉树 T_1(多叉树同理)的任意叶结点 w_x 向下延伸一层变成两个叶结点 w_{x_1} 和 w_{x_2},且 w_{x_1}、w_{x_2} 的权值和等于 w_x 的权值,则所得新的带权二叉树 T_2 的 WPL 满足:WPL(T_2)＝WPL(T_1)＋T_1 中 w_x 的权值＝WPL(T_1)＋T_2 中 w_{x_1} 的权值＋T_2 中 w_{x_2} 的权值。如果 T_2 中比 w_{x_1}、w_{x_2} 层次号更大的叶结点权值均不超过 w_{x_1}、w_{x_2} 权值的最小值,且比 w_{x_1}、w_{x_2} 层次号更小的叶结点权值均不小于 w_{x_1}、w_{x_2} 权值的最大值,则如果 T_1 最优,T_2 也最优(因为 T_1 的最优性保证了 T_2 中除 w_{x_1}、w_{x_2} 外的不同层结点位置不可交换,交换了即会破坏最优性;而 T_2 中叶结点 w_{x_1}、w_{x_2} 本身与其他层叶结点满足不可交换性)。

⑤ 令 Huffman 算法所使用的 n 个权值按升序排序后为 $w_1,w_2,w_3,\cdots,w_n$,且 $w_{1,2}＝w_1＋w_2$;由 $w_1,w_2,w_3,\cdots,w_n$ 根据 Huffman 算法构造的哈夫曼树为 T;由 $w_{1,2},w_3,\cdots,w_n$ 根据 Huffman 算法构造的哈夫曼树为 T';将 T' 的叶结点 $w_{1,2}$ 替换为(或延伸为)以 w_1、w_2 为左右孩子,$w_{1,2}$ 为根的二叉树,从而得到哈夫曼树 T''。显然,两种方法殊途同归,所得哈夫曼树 T'' 与 T 相同或等价。

⑥ 记 w_i 对应叶结点为 $V_i(i＝1,2,\cdots,n)$,$w_{1,2}$ 对应结点为 $V_{1,2}$,哈夫曼树高度为 h。按照哈夫曼树构造过程可知,层次号越大的叶结点越先连接到哈夫曼树上,即 Huffman 算法是从最大层次向树根方向逐渐生成哈夫曼树的。所以,哈夫曼树生成后,V_1、V_2 一定在最后一层(即第 h 层),$V_{1,2}$ 一定在倒数第二层(即第 $h-1$ 层)。

反证:如果 V_1、V_2 不在最后一层,则在同一棵哈夫曼树上,除以 $V_{1,2}$ 为根的子树外,还存在另一棵子树,其根与 $V_{1,2}$ 在同一层、层数在三层及以上,如图 1-8 所示。

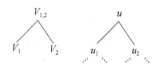

图 1-8 某哈夫曼树中的两棵假想示意性子树

但这是不可能的,因为 w_1、w_2 是两个最小权值,$w_{1,2}(=w_1+w_2)$ 必然小于 u_1 和 u_2 之一的权值(u_1、u_2 中至少有一个是内部结点),按 Huffman 算法,$V_{1,2}$ 应优先与 u_1、u_2 中的较小者结合成新的子树,而不是 u_1 与 u_2 优先结合。若有比 u_1、u_2 更小的权值结点与 $V_{1,2}$ 相结合,则 $V_{1,2}$ 将不会与 u 出现在同一层。

⑦ 如果删除前述哈夫曼树中的最小权值叶结点 V_1 和 V_2 得到一棵新的哈夫曼树,则新的叶结点 $V_{1,2}$ 在新树中只可能位于最后一层或倒数第二层。

2)哈夫曼树是最优二叉树的证明

现根据前述约定及分析,用数学归纳法证明由 Huffman 算法构造的哈夫曼树就是最优二叉树。

当叶结点数分别为 1、2、3 时,哈夫曼树对应的 WPL 分别为 $WPL(1)=0$、$WPL(2)=w_1+w_2$、$WPL(3)=2w_1+2w_2+w_3$,且均已达到最小值,即哈夫曼树是最优二叉树。

假设叶结点数小于 n 时命题成立,下面讨论具有 n 个叶结点的情形。

方法 1 首先按照前述约定及分析的第⑤条构造两棵等价的基于升序权值 w_1,w_2,$w_3,\cdots,w_n$ 的哈夫曼树 T 和 T'',这里 T'' 是由 T' 延伸其带权叶结点 $V_{1,2}$(权值为 $w_{1,2}$)为 V_1(权值为 w_1)和 V_2(权值为 w_2)而得的。

由于 T' 的叶结点数为 $n-1$,且由归纳假设可知 T' 是最优二叉树。而 V_1 和 V_2 无论在 T 中还是在 T'' 中都是权值最小的两个叶结点,一定位于最后一层(参见前述分析),满足前述的第④条(延伸后叶结点的权值不超过其上面各层叶结点权值,同时不小于其下面各层叶结点权值),即由最优二叉树 T' 延伸而得的二叉树 T'' 也是最优二叉树,因此与其等价的哈夫曼树 T 也是最优二叉树。

方法 2 首先按照 Huffman 算法基于升序权值 $w_1,w_2,w_3,\cdots,w_n$ 构造哈夫曼树 T,令最小权值 w_1、w_2 对应的叶结点分别为 V_1、V_2,其双亲结点为 $V_{1,2}$(权值 $w_{1,2}=w_1+w_2$)。根据前述的第⑥条和⑦条,V_1、V_2 一定在最后一层,删除 T 中的 V_1 和 V_2 得到一棵新的哈夫曼树 T',T 的内部结点 $V_{1,2}$(V_1、V_2 的双亲)在 T' 中变成叶结点 $V_{1,2}$(权值 $w_{1,2}=w_1+w_2$),T' 是只有 $n-1$ 个叶结点的哈夫曼树,由归纳假设知 T' 是最优二叉树。根据前述的第④条与第⑤条结论,由 T' 延伸恢复 T 后,T 仍是最优二叉树。

总之,由数学归纳法可知命题对一切自然数 n 均成立。

除了数学归纳法,Huffman 算法所得解的最优性,也可利用如下定义、引理及递推思想进行证明。

定义 假定有一组权 $w_1,w_2,\cdots,w_n$,不妨设 $w_1\leqslant w_2\leqslant\cdots\leqslant w_n$。一棵有 n 个叶结点的二叉树,如果叶结点带权分别为 $w_1,w_2,\cdots,w_n$,则称这棵二叉树是叶子权为 w_1,w_2,$\cdots,w_n$ 的二叉树。我们定义叶子权为 $w_1,w_2,\cdots,w_n$ 的二叉树的权为 $\sum_{i=1}^{n}w_{i_l}(w_i)$,其中 $l(w_i)$ 是具有权为 w_i 的叶子的路径长度。一棵树的权,用 $W(T)$ 表示。在叶子权为 w_1,

$w_2, \cdots, w_n$ 的所有二叉树中,具有最小权的一棵二叉树,称为最优二叉树,简称最优树。

引理 1　叶子权为 $w_1, w_2, \cdots, w_n$ 的最优树,没有度为 1 的结点。

证明: 假设存在度为 1 的结点,那么删除这种结点后将得到树权更小的二叉树,与最优树相矛盾。

引理 2　叶子权为 $w_1, w_2, \cdots, w_n$ 的最优树($n > 1$),具有最大层次号的叶子以兄弟身份成对出现。

证明: 由引理 1 可知,最优树中没有度为 1 的结点,所以最大层次叶结点的双亲都有两个孩子。

引理 3　叶子权为 $w_1, w_2, \cdots, w_n$ 的最优树,具有最大层次号的叶子中一定有带权为 w_1 的。

证明: 如果叶子都在同一层,或最大层号叶子有带权为 w_1 的,引理结论自然成立。否则,若叶子不全在一层,且最大层号叶子权均大于 w_1,那么权值 w_1 就一定位于层次号更小的叶子上,将该叶子与最大层号的任何叶子互换权值都会得到一棵树权更小的二叉树,与最优树相矛盾。

引理 4　叶子权为 $w_1, w_2, \cdots, w_n$ 的最优树($n > 1$),最后一层(层号最大的层)一定存在两片不同的叶子,分别带权 w_1 和 w_2。

证明: w_1 位于最后一层的某片叶子,引理 3 已保证。如果该最优树的叶子都在同一层,或最大层号叶子有带权为 w_2 的,引理结论自然成立。否则,若叶子不全在一层,且最大层号叶子权均大于 w_2(w_1 所在叶子除外),那么权值 w_2 就一定位于层次号更小的叶子上,将该叶子与最大层号的任何叶子互换权值都会得到一棵树权更小的二叉树,与最优树相矛盾。

引理 5　存在一棵叶子权为 $w_1, w_2, \cdots, w_n$ 的最优树($n > 1$),权为 w_1 和 w_2 的叶子是兄弟。

证明: 假如有一棵叶子权为 $w_1, w_2, \cdots, w_n$ 的最优树 T(理论上这是一定存在的)。根据引理 4 可知,T 的最后一层一定有两片叶子分别带权 w_1 和 w_2,不妨为 w_1 所在叶子命名 b_1,w_2 所在叶子命名 b_2。如果 b_1、b_2 是兄弟,则引理 5 结论成立,否则由引理 2 可知它们都各自另有兄弟,这时将 b_1 的权与 b_2 兄弟的权互换,或将 b_2 的权与 b_1 兄弟的权互换,都会得到另一棵叶子权为 $w_1, w_2, \cdots, w_n$ 的最优树,且权为 w_1 和 w_2 的叶子是兄弟,引理 5 的结论同样成立。

引理 6　设 T' 是叶子权为 $w_1 + w_2, w_3, \cdots, w_n$ 的最优树($n > 1$),改造 T' 中具有权 $w_1 + w_2$ 的叶子,为其增加两个孩子(新叶子)使其变成非终端结点,两个孩子分别带权 w_1 和 w_2。这样,由 T' 就得到一棵新的叶子带权的二叉树 T,它是叶子权为 $w_1, w_2, \cdots, w_n$ 的最优树。

证明: 由 T 与 T' 的构造关系有 $W(T) = W(T') + w_1 + w_2$

设 T_1 是叶子权为 $w_1, w_2, \cdots, w_n$ 的一棵最优树,且其权为 w_1 和 w_2 的叶子是兄弟(T_1 的存在性由引理 5 保证)。在 T_1 中,将 w_1 和 w_2 所在的两片叶子及其双亲组成的子树,用一个权为 $w_1 + w_2$ 的叶子来代替。设这样得到的树为 T_1',这棵树是叶子权为 $w_1 + w_2, w_3, \cdots, w_n$ 的二叉树,显然有 $W(T_1) = W(T_1') + w_1 + w_2$

若 $W(T) > W(T_1)$,则有 $W(T') > W(T_1')$。这与 T' 是叶子权为 $w_1 + w_2, w_3, \cdots, w_n$ 的最优树相矛盾。因此,$W(T) \leqslant W(T_1)$,即 T 也是叶子权为 $w_1, w_2, \cdots, w_n$ 的一棵最优树,引理 6 的结论成立。

Huffman 算法所得解的最优性证明:根据引理 6,构造具有 n 个叶子权的最优树问题,可以简化为构造具有 $n-1$ 个叶子权的最优树问题;构造 $n-1$ 个叶子权的最优树问题,又可以化为构造具有 $n-2$ 个叶子权的最优树问题;依此类推。因为构造具有两个叶子权的最优树问题是很简单的事情,所以构造具有 n 个叶子权的最优树的问题也就解决了。Huffman 算法正是按此递推过程构造叶子权为 $w_1, w_2, \cdots, w_n$ 的二叉树的,所构造出的二叉树一定是最优二叉树。

1.6.4　Huffman 算法实现及应用

1) 哈夫曼编码

信息的存储和传输都需要进行二进制编码、译码。等长编码和译码(还原)比较简单,但没有考虑不同信息出现的频率差异,往往会使总的二进制位串出现较大冗余,从而占用(浪费)较多存储资源。因此,需要设计不等长的"前缀编码"(任意字符的编码都不是其他字符编码的前缀)以减少冗余。哈夫曼树正好可以辅助实现这种前缀编码,所得编码也叫哈夫曼编码。具体实现方法如下:设信息中可能出现的字符按频度升序排列依次为 c_1, $c_2, \cdots, c_n$,各字符对应频度依次为 $w_1, w_2, \cdots, w_n$;以 $c_1, c_2, \cdots, c_n$ 为叶结点,$w_1, w_2, \cdots, w_n$ 为对应权值构造一棵哈夫曼树;树的所有左分支标为"0",右分支标为"1",则从根结点到每个叶结点的路径所经过的分支对应的"0"和"1"组成的序列便为该结点对应字符的编码。

对于哈夫曼编码,其译码算法相对简单。译码过程就是分解二进制信息串,即不断从根开始沿哈夫曼编码树查找(为"0"则往左,为"1"则往右),直至叶结点,从而还原出相应字符。详细的译码算法,在程序实现部分一并介绍,这里只给出编码算法的类 C 语言描述,如下:

```
typedef char * Code;
void HuffmanCode(HTNode HT[], int n, Code HC[])
//根据具有 n 个叶子结点的哈夫曼树 HT,构建每个叶子结点的哈夫曼编码存入 HC
    {int start, i, c, f; char * cd;
    cd = new char[n+1];
    for(i = 1; i <= n; i++)HC[i] = new char[n+1];
```

```
        cd[n] = '\0';
        for(i = 1;i <= n;i + +)
          {start = n;
            //从叶结点至根结点生成第 i 个字符的编码
            for(c = i,f = HT[i].parent;f! = 0;c = f,f = HT[f].parent)
              if(HT[f].lchild == c) cd[ - - start] = '0';else cd[ - - start] = '1';
            strcpy(HC[i],&cd[start]);
          }
      }
```

2）完整程序及应用

为检测哈夫曼树即最优二叉树的优化效果,这里提供两个使用哈夫曼编码原理对数据文件进行编码压缩和译码还原(解压、释放)的示意性程序。

压缩程序如下所示,首先将数据文件(源文件)以二进制方式打开,以字节(每字节都在 0～255 范围取值)为单位,统计不同字节 c_i(每字节看成一个 ASCII 字符)出现的频率 w_i,构造哈夫曼树并对各字符进行哈夫曼编码,然后再次打开源文件,依次将各字节(字符)转化为对应哈夫曼二进制码串写入目标文件(压缩文件、压缩包)。运行以下程序,对 VC++6.0 集成环境约 1 104 KB 的系统文件 MSDEV.EXE 进行压缩,可得到约 247 KB 的压缩文件,压缩比约为 0.22;对 VC++6.0 集成环境编辑的源程序进行压缩,压缩比约为 0.74;对 WINDOWS 记事本编辑的文本文件进行压缩,压缩比约为 0.47。实测表明,以下基于哈夫曼编码原理的数据压缩的程序是有效的,哈夫曼树即最优二叉树可用于解决相关实际问题,并可获得显著的优化效果。

```
    /* 此为哈夫曼编码程序。被编码文件按字节(看成一个字符)读入,建立相应哈夫曼树,然
后将编码后的二进制序列写入压缩文件 temp.dat。其中前 1 024 B 为可能出现的 256 B(0～255)实际
出现在原文件中的次数(每个存放 4 B),紧接着才是二进制编码序列;每 8 位转换成一个字节存放(最
后一个字节不足的部分添"0")。为读出方便,每个字节按其二进制序列逆序存入,比如 10101100 按
十进制 53( = 2^0 + 2^2 + 2^4 + 2^5)存入,而不是 172( = 2^7 + 2^5 + 2^3 + 2^2),译码程序读入 53 后也不
按正常顺序转换成二进制,而是按其逆序(低位优先)输出,即由过程 53 = 2 * 26 + 1,26 = 2 * 13 + 0,13 =
2 * 6 + 1,6 = 2 * 3 + 0,3 = 2 * 1 + 1,1 = 2 * 0 + 1,0 = 2 * 0 + 0 正好得出序列 10101100,而
不需将整数正常转换成等价二进制数后再逆置。可谓"歪打正着"。*/
    # include < stdio.h >
    # include < stdlib.h >
    # include < string.h >
    # include < iostream.h >
    # define N 256
    typedef struct
```

```
            { long int weight;  //本结点权值
               int parent;  //指向双亲的指针
               int lchild;  //指向左孩子的指针
               int rchild;  //指向右孩子的指针
            } NTNode;  //哈夫曼树结点结构
typedef char  * ch;
ch HC[N+1];  //存放各字符的哈夫曼编码,也可定义为 char HC[N+1][N];
void select(NTNode HT[],int n,int &s1,int &s2)
//从以静态链表方式存储于结构数组 HT 的哈夫曼树各子树中选择两个根结点权值最小的结点
//并由参数 s1 和 s2 返回其下标;候选结点的双亲域必须为 0;HT[0]为辅助结点,权值为无穷大
 {int i;s1=0;s2=0;
   for(i=1;i<=n;i++)
     if(HT[s1].weight>HT[i].weight&&HT[i].parent==0) {s2=s1;s1=i;}
     else if(HT[s2].weight>HT[i].weight&&HT[i].parent==0) s2=i;
 }

void HuffmanCoding(NTNode HT[],long int w[],int n)
//由给定的 n 个权值(w[1]~w[n])构造哈夫曼树 HT;构造结束后 HT[2n-1]为哈夫曼树的根
//即哈夫曼树以静态链表方式存储于结构数组 HT,HT[0]为每次选择最小权值结点时的辅助结点
//HT[1]~HT[n]为叶结点(终端结点),HT[n+1]~HT[2n-1]为动态建立的内部结点(分支结点)
//根据所构造的哈夫曼树 HT,构建 n 个叶子结点对应字符的哈夫曼编码存入全局数组 HC
 {int start,m=2*n,i,c,f,s1,s2;char cd[N];
   if(n<=1) return;
   HT[0].weight=2147483647;  //表示无穷大
   //根据给定权值初始化 n 棵孤立结点(最终的叶结点)二叉树,指针域为 0 表示空
   for(i=1;i<=n;i++)
     {HT[i].weight=w[i];HT[i].lchild=0;HT[i].rchild=0;HT[i].parent=0;}
   //初始化内部结点
   for(i=n+1;i<m;i++)HT[i].weight=HT[i].lchild=HT[i].rchild=HT[i].parent=0;
   for(i=n+1;i<m;i++) //共进行 n-1 次合并,新结点依次存于 HT[n+1]~HT[m-1]中
     //从 HT[1]至 H[i-1]选择两个权值最小结点的下标,由参数 s1 和 s2 返回
     {select(HT,i-1,s1,s2);
       HT[s1].parent=HT[s2].parent=i;HT[i].weight=HT[s1].weight+HT[s2].weight;
       HT[i].lchild=s1;  //最小权值结点是新结点的左孩子
       HT[i].rchild=s2;  //次小权值结点是新结点的右孩子
     }
cd[n-1]='\0';
//根据所构造哈夫曼树 HT,构建各叶子结点的哈夫曼编码存入全局数组 HC
for(i=1;i<=n;i++)
   {start=n-1;
     for(c=i,f=HT[i].parent;f!=0;c=f,f=HT[f].parent)
     //从叶子 i 至根生成第 i 个字符的二进制编码
       if(HT[f].lchild==c) cd[--start]='0';else cd[--start]='1';
     strcpy(HC[i],&cd[start]);
```

```
        }
    }
main()
    {char * p,fn[100];long int i,l = 0,n,q[N + 1],q1[N + 1];int q2[N],k;
    unsigned char c,j1,j2,b2[] = {1,2,4,8,16,32,64,128};
    NTNode HT[2 * N];FILE * f1, * f2, * f3;
    for(k = 1;k <= N;k ++)HC[k] = new char[N];
    cout <<"please input file name:";cin >> fn; //键盘接收需要压缩的源文件名
    f1 = fopen(fn,"rb"); //以二进制读方式打开
    for(i = 0;i < N;i ++)q[i] = 0; //初始化计数器
    fseek(f1,0,2);l = ftell(f1);fseek(f1,0,0);
    for(i = 1;i <= l;i ++){fread(&c,1,1,f1);q[c] ++ ;} //读入各字节(字符)并计数
    //while (!feof(f1)){fread(&c,1,1,f1);q[c] ++ ;}
    //有的编辑软件录入的文本文件尾部有多余字节,不能如此读入。处理办法见前面几行。
    fclose(f1);
    //过滤掉未出现字符,并统计实际字符数 n
    for(n = 0,i = 0;i < N;i ++)if(q[i]){n ++ ;q1[n] = q[i];q2[i] = n;}
    HuffmanCoding(HT,q1,n); //构造哈夫曼树并据此构建各字符的二进制编码存入全局数组 HC
    f2 = fopen(fn,"rb"); //再次以二进制读方式打开源文件
    //以二进制写方式打开目标文件(压缩结果文件,以 temp.dat 为例)
    f3 = fopen("temp.dat","wb");
    //写入每个字符出现的次数,以便译码程序重建哈夫曼树
    for(i = 0;i < N;i ++)fwrite(&q[i],4,1,f3);
    j1 = 0;j2 = 0;
    /* 从源文件依次读入各字符,查出二进制编码序列,每8 bit 转换成一个字节(最后一个
字节,不足部分添0),顺次写入目标文件。为读出方便,每个字节按其二进制序列逆序存入。*/
    for(i = 1;i <= l;i ++) //该句比 while (! feof(f2))更可靠
        {fread(&c,1,1,f2);
        for(p = HC[q2[c]]; * p;p ++)
            {if ( * p =='1') j2 = j2 + b2[j1];
            j1 ++ ;
            if (j1 == 8) {fwrite(&j2,1,1,f3);j1 = 0;j2 = 0;}
            }
        }
    if (j1) fwrite(&j2,1,1,f3);
    fclose(f2);fclose(f3);
    }
```

　　译码程序如下所示,首先打开压缩文件(即前述目标文件),读取其中预存的附加信息,重建哈夫曼编码树,然后将后续各字节读入,还原出原二进制编码序列,并根据所重构的哈夫曼树进行译码,恢复原始文件(即压缩前源文件)。

/*此为哈夫曼译码程序。被译码文件的前 1 024 B 首先读入,并据此建立相应哈夫曼树。然后将后续各字节读入,还原出原二进制编码序列,并根据所重构的哈夫曼树进行译码,恢复原文件(假设以 temp1.dat 存放)。其中前 1 024 B 为可能出现的 0～255,实际出现在原文件中的次数(每个存放 4 B,未出现的计数值为 0)。紧接着的每个字节还原出一个 8 位的二进制序列(若最后一个字节有多余,则译码时舍去)。*/

```
# include < stdio. h >
# include < stdlib. h >
# include < string. h >
# include < iostream. h >
# define N 256
typedef struct
      { long int weight; //本结点权值
        int parent; //指向双亲的指针
        int lchild; //指向左孩子的指针
        int rchild; //指向右孩子的指针
      } NTNode; //哈夫曼树结点结构
void select(NTNode HT[],int n,int &s1,int &s2)
//从以静态链表方式存储于结构数组 HT 的哈夫曼树各子树中选择两个根结点权值最小的结点
//并由参数 s1 和 s2 返回其下标;候选结点的双亲域必须为 0;HT[0]为辅助结点,权值为无穷大
{int i;s1 = 0;s2 = 0;
  for(i = 1;i < = n;i + + )
  if(HT[s1]. weight > HT[i]. weight&&HT[i]. parent = = 0) {s2 = s1;s1 = i;}
  else if(HT[s2]. weight > HT[i]. weight&&HT[i]. parent = = 0) s2 = i;
}
void HuffmanTree(NTNode HT[],long int w[],int n)
//由给定的 n 个权值(w[1]～w[n])构造哈夫曼树 HT;构造结束后 HT[2n-1]为哈夫曼树的根
//即哈夫曼树以静态链表方式存储于结构数组 HT,HT[0]为每次选择最小权值结点时的辅助结点
//HT[1]～HT[n]为叶结点(终端结点),HT[n+1]～HT[2n-1]为动态建立的内部结点(分支结点)
{int m = 2 * n,i,s1,s2;
  if(n < = 1) return;
  HT[0]. weight = 2147483647; //表示无穷大
  //根据给定权值初始化 n 棵孤立结点(最终的叶结点)二叉树,指针域为 0 表示空
  for(i = 1;i < = n;i + + )
    { HT[i]. weight = w[i];HT[i]. lchild = 0;HT[i]. rchild = 0;HT[i]. parent = 0;}
  //初始化内部结点
  for(i = n + 1;i < m;i + + )HT[i]. weight = HT[i]. lchild = HT[i]. rchild = HT[i]. parent = 0;
  for(i = n + 1;i < m;i + + ) //共进行 n-1 次合并,新结点依次存于 HT[n+1]～HT[m-1]中
    //从 HT[1]至 H[i-1]选择两个权值最小结点,下标由参数 s1 和 s2 返回
    {select(HT,i-1,s1,s2);
      HT[s1]. parent = HT[s2]. parent = i;HT[i]. weight = HT[s1]. weight + HT[s2]. weight;
      HT[i]. lchild = s1; //最小权值结点是新结点的左孩子
```

```
                HT[i].rchild = s2; //次小权值结点是新结点的右孩子
            }
        }
    void main()
        {long int j,ll = 0,q[N + 1],q1[N + 1];int n,i,j1,j2,c,l,r,q2[N + 1];
        unsigned char x,y;NTNode HT[2 * N];FILE * f1, * f2;char fn[100];
        cout <<"please input file name:";cin >> fn; //键盘接收需要译码还原的压缩文件名
        f1 = fopen(fn,"rb"); //以二进制读方式打开需要还原的压缩文件
        f2 = fopen("temp1.dat","wb"); //以二进制写方式打开还原后文件(此处以 temp1.dat 为例)
        //读入每个字符出现的次数,以便重建哈夫曼树
        for(i = 0;i < N;i ++)fread(&q[i],4,1,f1);
        //过滤掉未出现字符,并统计出实际出现的字符数 n 及文件总字节数 ll
        for(n = 0,i = 0;i < N;i ++)
            if(q[i]){n ++;q1[n] = q[i];ll += q[i];q2[n] = i;}
        HuffmanTree(HT,q1,n); //重建哈夫曼树 HT
        j = 0;
        c = 2 * n - 1;l = HT[c].lchild;r = HT[c].rchild;
        //c 的初值为根结点下标,l,r 为其左右孩子下标
        /* 读入后续各字节,还原出原二进制编码序列,并根据所重建的哈夫曼树译码还原出相
应字符(字节),恢复原文件。*/
        while (! feof(f1))
            //将所读入的字节型无符号数据 y 赋值给整型变量 j1 进一步处理
            {fread(&y,1,1,f1);j1 = y;
              for(i = 0;i < 8;i ++) //将 j1 逆序转换为 8 位二进制序列
                  {j2 = j1 % 2;j1 = j1/2;
                  //当前二进制位 j2 为 0 进入左子树,否则进入右子树
                  if(j2 == 0) c = l;else c = r;
                    l = HT[c].lchild;r = HT[c].rchild;
                    if (l == 0&&r == 0) //到达叶结点,则写入所译码还原出的字符(字节)
                      {x = q2[c] % N;
                      fwrite(&x,1,1,f2);j ++;
                      if(j == ll) goto ed1; //如果已还原出全部字符,则程序结束
                      //否则又从树根开始继续还原
                      c = 2 * n - 1;l = HT[c].lchild;r = HT[c].rchild;
                      }
                  }
            }
    ed1;fclose(f1);fclose(f2);
    }
```

第 2 章　人工神经网络用于解决优化问题[15-30]

2.1　人工神经网络简介[20-22]

2.1.1　人工神经网络研究的发展简史

人工神经网络早期的研究工作应追溯到 20 世纪 40 年代,其后经历了初步发展时期、冰河期和空前发展时期。

1943 年,美国心理学家 W. McCulloch 和数学家 W. Pitts 在分析、总结解剖学和生理学已有成果的基础上首先提出了一个非常简单的神经元模型,即 MP 模型。该模型沿用至今,直接影响着这一领域研究的进展。紧接着,不少著名学者相继公布了他们的研究成果:John Von Neumann 在试制成功存储程序方式电子计算机后于 1948 年提出了由简单神经元构成的自再生自动机网络结构;D. Hebb 根据心理学条件反射机理,于 1949 年提出了 Hebb 学习规则;20 世纪 50 年代末期至 60 年代初期,F. Rosenblatt 和 B. Widrow 分别提出了多层神经网络感知机(Multilayer Perceptron,MLP)和自适应线性元件网络(Adaptive Linear Element,Adaline)。

然而,好景不长,由于未找到行之有效的算法、硬件实现困难以及人工智能权威人物,如 M. Minsky 等的悲观结论,致使神经网络的研究在 20 世纪 60 年代进入缓慢发展的低潮期,被人们形象地称为"冰河期"。

到了 20 世纪 80 年代初期,由于模拟与数字混合的 VLSI 电路制作技术提高到新的水平,加上国际上 J. Hopfield 等少数具有远见学者的不懈努力,神经网络进入了"柳暗花明又一村"的新境界。随着全互连的神经网络模型 Hopfield 网络的提出,对 TSP (Travelling Salesman Problem)等著名问题的求解,以及 D. Rumelhart 和 J. McClelland 在 1986 年提出的 BP(Back Propagation)学习算法,神经网络的研究进入稳步发展的高潮时期,一股竞相研究开发神经网络和设计构造神经计算机的热潮在世界范围内掀起。

2.1.2　人工神经网络的特点

这里将通过与人脑以及冯·诺依曼计算机的对比来说明人工神经网络的特点。

1）巨量并行性

人脑神经元之间传递脉冲信号的速度远低于冯·诺依曼计算机的工作速度,但是由于人脑是一个大规模并行与串行组合处理系统,其神经元数量多达 10^{11},是一个可存储大量知识的存储器,因而在许多问题上可以做出快速判断和处理。就拿识别图像或做某项决策来说,人脑的反应速度便是串行结构的冯·诺依曼计算机远不能比拟的。人工神经网络的基本结构是模仿人脑的,具有并行处理的特征,必然会大幅提高工作速度。

2）信息分布式存储

与传统冯·诺依曼计算机不同,人脑中的信息存储和处理是合在一起的,这就使得人脑在处理信息过程中速度快,可按内容回忆,而且容错能力较强。

3）自组织自学习功能

冯·诺依曼计算机强调程序编写,系统的功能取决于程序设计者编写的情况,计算机执行的结果不会超越程序设计者的预想。人脑则不同,它能够通过内部自组织、自学习的能力不断地适应外界环境,有效地处理各种模拟的、模糊的或随机的问题。

人工神经网络具有初步的自适应与自组织能力,在学习或训练过程中通过改变突触权重 w_{ij} 以适应周围环境的要求,发展知识,甚至超过程序设计者原有的知识水平。

2.1.3　人工神经网络的计算能力

任何算术逻辑运算在传统冯·诺依曼计算机上都是由累加器完成的,累加器运算的实质是布尔运算,布尔运算可用布尔函数表达,而且可由与非门实现,而与非门可用阈值单元(神经元)实现,故可知任何布尔函数(算术、逻辑运算)都可由神经网络实现。这说明传统计算机能计算的问题,用神经计算机也能完成。

对神经网络的研究分为硬件实现和软件模拟,由于客观条件的限制,本书选择后者。为检验神经网络解题效率和质量,作者挑选了两个比较典型的优化问题进行研究。软件模拟结果表明,若能对具体问题建立合适的能量函数,则所得解的质量十分高。针对连续变量问题,本节给出了求全局最小值的条件和方法,虽然运行效率可能因追求了解的质量而有所降低,但仍可与性能好的传统近似算法保持同量级计算复杂度,且一旦在硬件实现,作为并行系统的神经网络的优越性将完全显示出来。

1）Hopfield 离散模型的优化计算能力

众所周知,像旅行商问题、任务分配问题等状态变量只取二值的组合优化问题可直接用 Hopfield 离散模型求解,而对像运输问题、线性规划问题等连续变量的组合优化问题,经过变量的离散化后(见 2.2 节十进制数的分组求和加权制表示)也可用该模型求解。可见,Hopfield 离散模型能解所有的组合优化问题(只要能给出用数学模型刻画的约束方程),而且能在多项式时间步内得到局部最优或全局最优解。

Hopfield 离散模型方程为

$$V_i = \mathrm{sgn}(\sum_{j=1,j\neq i}^{N} W_{ij}V_j - Q_i) \qquad i \in S_N \equiv \{1,2,\cdots,N\} \tag{2-1}$$

网络中共有 N 个神经元，$V_1,V_2,\cdots,V_N$ 为这 N 个神经元的输出，$W_{ij}(i,j\in S_N)$ 为第 i 个神经元与第 j 个神经元间的连接权，Q_i 为第 i 个神经元的阈值，为简化讨论，令 $W_{ij} = W_{ji}$，$W_{ii}=0$，$Q_i=0$，$V_i\in\{-1,1\}$，以及

$$U_i = \sum_{j=1}^{N} W_{ij}V_j \tag{2-2}$$

则式(2-1)变为 $V_i = \mathrm{sgn}(U_i)$。其中，sgn 定义为

$$V_i = \mathrm{sgn}(U_i) = \begin{cases} 1 & U_i > 0 \\ V_i & U_i = 0(V_i \text{ 保持原值}) \\ -1 & U_i < 0 \end{cases} \tag{2-3}$$

相应于式(2-3)，定义计算能量函数为

$$E = -\frac{1}{2}\sum_{i=1}^{N}\sum_{j=1}^{N} V_i W_{ij} V_j \tag{2-4}$$

下面证明对任意给定的初值 $V_i(i\in S_N)$，V_i 按式(2-2)及式(2-3)变化的结果将使 E 在多项式时间内下降到一个极小值。

因为：

$$\Delta E_i = \Delta V_i \frac{\partial E}{\partial V_i} = -\Delta V_i \sum_{j=1}^{N} W_{ij}V_j = -U_i\Delta V_i \tag{2-5}$$

若 V_i 从 -1 变到 1，则 $\Delta V_i = 1-(-1)=2$ 且有 $U_i>0$，$\Rightarrow$

$$\Delta E_i = -U_i \cdot 2 = -2\left|\sum_{j=1}^{N} W_{ij}V_j\right| < 0 \tag{2-6}$$

若 V_i 从 1 变到 -1，则 $\Delta V_i = -1-1=-2$ 且有 $U_i<0$，$\Rightarrow$

$$\Delta E_i = -U_i \cdot (-2) = -2|U_i| = -2\left|\sum_{j=1}^{N} W_{ij}V_j\right| < 0 \tag{2-7}$$

所以只要某个神经元的输出 V_i 有变化，那么不论是从 $+1$ 变成 -1 还是从 -1 变成 $+1$，能量函数 E 的变化量均为 $-2|\sum W_{ij}V_j|$，即 E 被降低 $2|\sum W_{ij}V_j|(>0)$。由于对给定的连接权矩阵 $\boldsymbol{W}$，E 有下界，所以经过若干步后，网络必然进入稳定状态，这时 E 达到极小值，V_i 不再变化。

设 α 是 $\{W_{ij}\}$ 中小数点后的最长有效位的位数(比如，当 $\{W_{ij}\}=\{0.57,7.89,9.4,3.1415\}$ 时，$\alpha=4$)，并令 $\beta=10^{-\alpha}$，$L = \max\limits_{i,j\in S_N}\{|W_{ij}|\}/\beta$，则：

$$|E| = \frac{1}{2}\left|\sum_{i\in S_N}\sum_{j\in S_N} V_i W_{ij} V_j\right|$$

$$\leqslant \frac{1}{2}\sum_{i\in S_N}\sum_{j\in S_N} |V_i||W_{ij}||V_j|$$

$$\leqslant \frac{1}{2} \sum_{i \in S_N} \sum_{j \in S_N} \max_{i,j \in S_N} \{ |W_{ij}| \}$$

$$= \frac{1}{2} \sum_{i \in S_N} \sum_{j \in S_N} L\beta$$

$$= L\beta N^2/2 \tag{2-8}$$

由 β 的定义可知:对任何 W_{ij},存在整数 K_{ij} 使得 $W_{ij} = K_{ij}\beta$, $\Rightarrow$

$$\left| \sum_{j=1}^{N} W_{ij} V_j \right| = \left| \sum_{j=1}^{N} K_{ij}\beta V_j \right| = \beta \left| \sum_{j=1}^{N} K_{ij} V_j \right| \tag{2-9}$$

如果 V_i 发生变化,则由式(2-6)或式(2-7)可知 $\left| \sum\limits_{j=1}^{N} W_{ij} V_j \right| > 0$,再由式(2-9)可推出 $|\sum K_{ij} V_j|$ 为正整数,从而有 $\left| \sum\limits_{j=1}^{N} W_{ij} V_j \right| \geqslant \beta$,这时由式(2-6)或式(2-7)便可知 V_i 发生了变化,且至少使 E 减少 2β。若设 $T(N)$ 为网络达到稳定状态所需的时间步,调用式(2-3)一次为一时间步则

$$T(N) \leqslant \frac{L\beta N^2/2 - (-L\beta N^2/2)}{2\beta} = LN^2/2 \tag{2-10}$$

其中,L 是与 N 无关的常数。

式(2-10)说明,由 Hopfield 离散模型求解组合优化问题时,若所需神经元数为 N,则某些神经元最多经过 $LN^2/2$ 次状态改变即可得出优化解(局部极小或全局最小)。

2) 简化的 Hopfield 连续模型的优化计算能力

前文已阐明,所有的组合优化问题均可由二值模型求解,但某些能用连续变量写出能量函数的问题最好直接用连续模型求解,因为也许用离散模型求解更快,但不能保证得到全局最优解。接下来的讨论将指出,只要能量函数构造恰当,参数设置合理,则用连续模型可求得任意精度范围内的优化解(具体实例参见 2.2 节)。

由于本章的重点是讨论软件模拟,而不在硬件电路上实现,所以将从逻辑上把 Hopfield 模型简化为如下。

设 E 是关于 N 个神经元输出 $V_1, V_2, \cdots, V_N$ 的能量函数,$U_1, U_2, \cdots, U_N$ 为相应的输入(这里 V_i, U_i 均取连续值),则网络运动方程定义为

$$\frac{\mathrm{d}U_i}{\mathrm{d}t} = -\frac{\partial E}{\partial V_i} \tag{2-11}$$

$$V_i = f(U_i) \tag{2-12}$$

其中,f 为单调递增的可微函数,通常取为 $f(x) = 1/(1 + \exp(-x))$,使函数值限制在 $[0,1]$ 中,当然也可根据具体问题而取其他形式,只要保证单增可导即可。

下面证明随着时间的推移,网络运动将沿 E 值不断减小的方向进行。

因为

$$\frac{\mathrm{d}E}{\mathrm{d}t} = \sum_{i=1}^{N} \frac{\partial E}{\partial V_i} \cdot \frac{\mathrm{d}V_i}{\mathrm{d}t}$$

$$= \sum_{i=1}^{N} \frac{\partial E}{\partial V_i} \cdot \frac{\mathrm{d}V_i}{\mathrm{d}U_i} \cdot \frac{\mathrm{d}U_i}{\mathrm{d}t}$$

$$= \sum_{i=1}^{N} \frac{\partial E}{\partial V_i} \cdot f'(U_i) \cdot (-\frac{\partial E}{\partial V_i})$$

$$= -\sum_{i=1}^{N} (\frac{\partial E}{\partial V_i})^2 \cdot f'(U_i) \tag{2-13}$$

而由 f 单增可微有 $f'(U_i) > 0$。

所以 $\frac{\mathrm{d}E}{\mathrm{d}t} \leqslant 0$，且仅当对所有 i，$\frac{\partial E}{\partial V_i}$ 都为 0 时，才有 $\frac{\mathrm{d}E}{\mathrm{d}t} = 0$。但由式（2-11）可知 $\frac{\partial E}{\partial V_i} = 0$ 等价于 $\frac{\mathrm{d}U_i}{\mathrm{d}t} = 0$。所以，只要有神经元的输入或输出发生变化（$\frac{\mathrm{d}U_i}{\mathrm{d}t} \neq 0$），就有 $\frac{\partial E}{\partial V_i} \neq 0$，从而 $\frac{\mathrm{d}E}{\mathrm{d}t} < 0$，即 E 下降。

现设式（2-14）是某个组合优化问题的能量函数。

$$E = AE_1 + E_0 \tag{2-14}$$

其中，E_1 为全部约束项常参数取 1 时之和，当全部约束条件满足时，$E_1 = 0$，A 为新设参数，E_0 为优化目标（最小值情形）。再设 E_0 在超立方体 $\{0,1\}^n$ 内无极值或极值唯一，其中，n 为神经元数目。

下面讨论，对给定的一个十分小的精度 jd（jd 的大小可视具体问题而定，一般满足 $0 < \mathrm{jd} \leqslant 10^{-1}$，从理论上来说，该值越小越精确），用式（2-11）及式（2-12）求 E_0 的最小值时 A 的取法（假设 E_0 无极值或极值唯一）。

由于神经元的变化将使 E 单调下降，因此，首先想到的一点是当 $|E_1| < \mathrm{jd}$ 时，使 E_0 的最小值成为 E 的最小值，这可通过取满足式（2-15）的 A 而实现。

$$A \geqslant A_1 \equiv \sup\{E_0\}/\mathrm{jd} \tag{2-15}$$

其中，$\sup\{E_0\}$ 表示 E_0 的一个正上界，对于非负约束项 E_1 而言，A_1 或 A 可取任何正实数。

其次是取 A 使得约束条件不满足精度要求时 E 无极值。由高等数学可知，多元函数在某点偏导数为 0 是函数在该点取得极值的必要条件。对本问题而言，只要保证任何时候 $\frac{\partial E}{\partial V_i}$ 不全为 0，则目的就达到了。

因为 $\frac{\partial E}{\partial V_i} = A \cdot \frac{\partial E_1}{\partial V_i} + \frac{\partial E_0}{\partial V_i}$，所以当 $\left|\frac{\partial E_1}{\partial V_i}\right| > \mathrm{jd}$ 时，取

$$A \geqslant A_2 \equiv \sup\{\left|\frac{\partial E_0}{\partial V_i}\right|\}/\mathrm{jd} \tag{2-16}$$

即可使 $\dfrac{\partial E}{\partial V_i} \neq 0$，现验证如下：

$$\left| \frac{\partial E}{\partial V_i} \right| \geqslant A \left| \frac{\partial E_1}{\partial V_i} \right| - \left| \frac{\partial E_0}{\partial V_i} \right| > A \cdot \mathrm{jd} - \left| \frac{\partial E_0}{\partial V_i} \right| \geqslant \sup\left\{ \left| \frac{\partial E_0}{\partial V_i} \right| \right\} - \left| \frac{\partial E_0}{\partial V_i} \right| \geqslant 0$$

由式(2-15)及式(2-16)可知，取 $A \geqslant \max\{A_1, A_2\}$ 即可保证约束条件不满足时 E 无极值，而当约束条件满足($|E_1| < \mathrm{jd}$)时，E 的极小值便是 E_0 的极小值，因为此时 $E \approx A \cdot 0 + E_0 = E_0$。

3）用前述逻辑模型求解优化问题的一般步骤（软件模拟法）

① 接受问题。

② 分析问题。

③ 设置神经元，构造能量函数及偏导数。

④ 仿照式(2-15)及式(2-16)确定能量函数参数。

⑤ 设置初值。

⑥ 用迭代法（比如欧拉折线法）解式(2-11)直到收敛（各 V_i 值不再变化）。

⑦ 整理、翻译结果。

⑧ 如果结果满意则结束，不满意则重复①～⑥。如果多次重复均得不到满意结果则另寻他法。

本章接下来的 2.2 节与 2.3 节便根据本节所述思想，运用神经网络方法对运输问题及旅行商问题这两个典型优化问题进行研究。

2.2 运输问题的神经网络求解算法及改进[19,22-25]

本节首先简单介绍求解运输问题（货流问题）的传统方法和神经网络二值状态法，然后给出了一种改进的神经网络连续变量法。其中，介绍的第 1 种传统方法速度快，所得解的质量高，是传统解法中效果良好的方法，其缺点是该方法是串行的，而且步骤繁琐，程序设计者编写不易。介绍的第 2 种方法作为一种理论方法值得研究探讨，但若要付诸实践就不实用了，因为该方法不仅计算复杂度高，而且解的质量得不到保证。介绍的第 3 种方法速度和解的质量都可与第 1 种方法比拟，而且该方法步骤更简单，编程容易，其特点有：

① 时空复杂度达到了该问题下界 $O(mn)$；

② 计算结果在给定精度条件下达到最佳；

③ 算法简单，易于编出通用程序；

④ 可在并行计算机系统上实现。

可以说，该方法是利用 Hopfield 连续模型求解实际问题比较成功的一个例子。理论分析和实算结果均表明，对于状态变量可用连续实数表达的优化问题，如果能构造出合适的能量函数,并恰当地选择约束项系数,则可用 Hopfield 连续模型成功地进行求解。

2.2.1 问题引入

运输问题(亦叫货流问题,Hitchcock Problem 等)是线性规划中的特殊问题,它不仅能解决物资的合理调运、车辆的合理调度,对某些问题经适当变换后也可归为运输问题进行求解。

对于运输问题,速度最快的传统解法是表上作业法,即把有关数据列成表格以迭代的方式进行求解。对这个问题,利用传统冯·诺依曼计算机可处理得相当好。对 m 个产地的 n 个销地情形,其每步迭代的时间复杂度为 $O(mn)$,而且收敛时所得解是全局最优解。

然而,为了显示神经网络的计算能力,文献[19]给出了神经网络解法。该文献中使用的神经元个数为 qmn。其中,q 是产量销量集合中的最大值用分组求和加权制表示时的二进制数字长,它大于或等于该最大值直接化成二进制时的位数。显然,利用文献[19]所给的能量函数进行求解时,每步迭代的时间复杂度至少为 $O(qmn)$,这说明用传统串行机模拟求解运输问题时,其计算速度显然不如表上作业法。

用二进制分组求和加权制求解这个简单的运输问题时似乎有些牵强附会,它只能说明人工神经网络计算机在硬件实现后,能用连续 Hopfield 模型求解的优化问题也可用二值模型求解,至于计算效率则可能会大幅降低,因为这增加了成倍的神经元。如果在串行机上用软件模拟方法求解,即使是一个规模很小的问题,其效率低的弱点也将会被明显地暴露出来。

对这个简单问题,按理用连续模型可直接求解。作者带着这种想法,试图寻找一种求解速度较快的神经网络方法。实践表明,运输问题存在简单快速算法,它与传统的表上作业法一样,每步迭代时间复杂度为 $O(mn)$,最后结果经适当整理即为最佳解。同时省去了传统表上作业法中的许多预处理及迭代过程中的一些条条框框、退化处理等,使算法显得简单明了。

2.2.2 传统方法简介

1)一般数学模型

设有 m 个地区生产某类物资(简称产地,用 $1,2,\cdots,m$ 表示),n 个地区需要该类物资(简称销地,用 $1,2,\cdots,n$ 表示)。如果各个产地的产量分别为 $a_1,a_2,\cdots,a_m$,各个销地的销量分别为 $b_1,b_2,\cdots,b_n$,以 w_{ij} 表示从第 i 个产地到第 j 个销地的单位物资运费,则有关数据可用如表 2-1 所示的产销平衡表及如表 2-2 所示的单位物资运费表列出。

表 2-1 产销平衡表

产地	销地				产量 a_i
	1	2	⋯	n	
1	x_{11}	x_{12}	⋯	x_{1n}	a_1
2	x_{21}	x_{22}	⋯	x_{2n}	a_2
⋮	⋮	⋮		⋮	⋮
m	x_{m1}	x_{m2}	⋯	x_{mn}	a_m
销量 b_j	b_1	b_2	⋯	b_n	$\sum a_i (\sum b_j)$

表 2-2 单位物资运费表

产地	销地			
	1	2	⋯	n
1	w_{11}	w_{12}	⋯	w_{1n}
2	w_{21}	w_{22}	⋯	w_{2n}
⋮	⋮	⋮		⋮
m	w_{m1}	w_{m2}	⋯	w_{mn}

如果 $\sum a_i = \sum b_j$，则产销平衡。产销平衡运输问题的数学模型可归纳如式(2-17)～式(2-20)，其中 S_k 代表集合 $\{1,2,\cdots,k\}$，下同。

目标函数：

$$\min f(x) = \sum_{i \in S_m} \sum_{j \in S_n} w_{ij} x_{ij} \tag{2-17}$$

产量约束：

$$\sum_{j \in S_n} x_{ij} = a_i \qquad i \in S_m \tag{2-18}$$

销量约束：

$$\sum_{i \in S_m} x_{ij} = b_j \qquad j \in S_n \tag{2-19}$$

非负条件：

$$x_{ij} \geqslant 0 \qquad i \in S_m, j \in S_n \tag{2-20}$$

也就是说，物资调运方案应在满足产销要求情况下使总运输费用最小。

2) 求解方法

求解运输问题的传统方法有单纯形法、阶石法及表上作业法等，由于表上作业法的迭代速度快，使用方便，这里将简单介绍该方法。

方法基本步骤如下：

① 寻找初始基础可行解(初始方案)，即确定初始基变量、非基变量及与基变量所对应的初始值；

② 对初始方案进行检验,确定是否为最优解。若为最优解,则计算停止,否则转至③;

③ 根据检验值确定入变量 x_{i*j*},然后通过迭代对原方案进行调整;

④ 对调整后的方案进行再检验、再调整,重复此过程,直到得到最优。

其中,每个步骤都有一套方法,比如寻找初始基础可行解有西北角法、最低费用法、运费差额法等,检验是否为最优解的方法有位势法、阶石法等,决定入变量、出变量的方法有闭回路法等。

3) 迭代过程中的一些具体问题

(1) 退化问题

当运输问题基础可行解的非零解数少于 $m+n-1$ 时,称为退化。退化在解题过程中的任何阶段都可能出现,主要分为迭代过程中出现的退化及在初始基础可行解中出现的退化两种情况,每种情况需要单独处理。

(2) 产销不平衡问题

当产销不平衡时,要对数学模型先做适当处理,即把它变成平衡型运输问题。处理办法:对供过于求($\sum a_i > \sum b_j$)设置虚拟收货点 $n+1$,并令其收货量为

$$b_{n+1} = \sum_{i \in S_m} a_i - \sum_{j \in S_n} b_j \tag{2-21}$$

由于是实际上不存在的收货点,因此由各个发货点到这些虚拟收货点的运费应当全为 0,即对任意 $i \in S_m$ 都有 $w_{i,n+1} = 0$。

同理,当供不应求时,可设置虚拟发货点 $m+1$,使其对应的发货量为

$$a_{m+1} = \sum_{j \in S_n} b_j - \sum_{i \in S_m} a_i \tag{2-22}$$

相应的运费为,对任意 $j \in S_n$ 都有 $w_{m+1,j} = 0$。

2.2.3 神经网络二值模型解法

文献[19]提出的方法不失为一种新颖方法,现简述于此,至于该方法的效率,本节不将赘述。

1) 以二值状态(0,1)实现数字编码的 3 种方案

(1) 二进制

这种表示法是把十进制数 N 转换成二进制数,然后用一个神经元表示 1 位。这样,一个十进制数 N 共需 $[1+\log_2^N]$ 个神经元($[x]$ 表示实数 x 截断取整)。这种表示方案最节省神经元数量,但容错性较差,如果表示数字的最高位神经元状态有错误,那么将使计算结果产生很大的误差。

(2) 简单求和制

这种表示法是用处于激活状态(输出为"1")的神经元数量表示数字。例如,以0011111 表示"5",此外,"5"还可表示为 0101111 或 1101011 等。显然,这种方案不如二

进制方案节省神经元数量,因为一个整数 N 要用 N 个神经元来表示,但有较好的容错性,即当某个神经元状态出现错误时,也不会对计算结果引起很大误差。

(3) 分组求和加权制

这种表示法是第(1)种方案和第(2)种方案的综合。任意十进制整数 N 的分组求和加权表达式为

$$N = \sum_{j=1}^{K}\Big[(M+1)^{j-1}\sum_{i=1}^{M}V_{(j-1)M+1}\Big] \tag{2-23}$$

其中,

$$K=[1+\log_{M+1}^{N}] \tag{2-24}$$

式(2-23)的含义是把十进制整数表示成 K 组二进制,每组的二进制位数为 M。组内采用第(2)种方案,即简单求和制,组间采用加权求和制,从右往左数依次为 1 组、2 组、……,第 j 组的权重为 $(M+1)^{j-1}$。例如,若整数"5"用 $M=3$ 的分组求和加权制表示,则由式(2-24)可知 $K=2$,共需 6 位二进制位来表示,可能的表示法有

$$5=4^1\times(1+0+0)+4^0\times(1+0+0)=100100$$
$$5=100010$$
$$5=100001$$
$$5=010001$$
$$5=001001$$
$$5=001010$$

一般地,表示一个整数 N 所需的二进制总位数 q 为

$$q=M[1+\log_{M+1}^{N}] \tag{2-25}$$

显然第(1)种和第(2)种表示法均可统一于式(2-23)。对于第(1)种表示法,令 $M=1$,$K=q=[1+\log_2^N]$,则有

$$N = \sum_{j=1}^{q}2^{j-1}V_j \tag{2-26}$$

对于第(2)种表示法,令 $M=q,K=1$,则有

$$N = \sum_{i=1}^{q}V_i \tag{2-27}$$

2) 运输问题二值模型解法

为写出能量函数表达式,首先把如表 2-1 所示的产销平衡表作为神经元输出矩阵,并将每个矩阵元素 $x_{ij}(i\in S_m,j\in S_n)$ 按式(2-23)表示成 q 个二进制位,即 q 个神经元,这样输出矩阵就共有 qmn 个神经元(见表 2-3),并将表示 x_{ij} 的第 r 个神经元记为 v_{ijr},以与 x_{ij} 区分,$r\in S_q$。

表 2-3　用神经元表示的产销平衡表

n 个销地	$j=1$				$j=2$				…	$j=n$			
r 取值于 $1\sim q$	r(每个 x_{ij} 用 q 个 v 表示)				r(每个 x_{ij} 用 q 个 v 表示)				…	r(每个 x_{ij} 用 q 个 v 表示)			
m 个产地	q	…	2	1	q	…	2	1	…	q	…	2	1
$i=1$					■	■	■	■					
$i=2$			■										
⋮			$v_{2,1,2}$				x_{12}						
$i=m$													

按式(2-23)表示的分组求和加权制,流量 x_{ij} 可表示为

$$x_{i,j} = \sum_{l=1}^{K}\Big[(M+1)^{l-1}\sum_{h=1}^{M}v_{i,j,(l-1)M+h}\Big] \tag{2-28}$$

其中,下标序号 $(l-1)M+h=r,i\in S_m,j\in S_n$。

现在便可根据数学模型式(2-17)~式(2-20)以及式(2-28)写出用神经网络法解平衡运输问题的能量函数表达式:

$$E = A\sum_{i=1}^{m}\sum_{j=1}^{n}\sum_{r=1}^{q}v_{ijr}(1-v_{ijr}) + \frac{B}{2}\sum_{i=1}^{m}\Big[a_i - \sum_{j=1}^{n}x_{ij}\Big]^2 +$$

$$\frac{C}{2}\sum_{j=1}^{n}\Big[b_j - \sum_{i=1}^{m}x_{ij}\Big]^2 + D\sum_{i=1}^{m}\sum_{j=1}^{n}w_{ij}x_{ij} \tag{2-29}$$

其中, x_{ij} 由式(2-28)代入,当满足优化目标时, E 取得极小值。 A、B、C、D 均为正的常数,其中:系数项 A 的作用是使状态变量 v_{ijr} 二值化(0,1),因为当 $v=0$ 或 1 时函数 $v(1-v)$ $(0\leqslant v\leqslant 1)$ 取得极小值 0;系数项 B 是供货量约束,当满足式(2-18)时,此项取得极小值 0;系数项 C 是需货量约束,当满足式(2-19)时,此项取得极小值 0;系数项 D 是目标项, E 的前三项为 0 时,若此项取得极小值,则将获得所需结果。

根据能量函数 E 便可写出连接权矩阵进行硬件仿真或求出偏导数进行软件模拟,文献[19]给出了求解实例,此处略。

2.2.4　改进方法

前节所述方法实现起来比较麻烦,用串行机模拟效率较低,而且因使用二值变量,最后结果并不能保证为最佳,就像神经网络不能保证求得旅行商问题的最佳结果一样。为克服这些缺点,本小节提出一种直接用连续变量表示,并用 2.1 节的简化 Hopfield 模型求解的神经网络方法,其特点是算法简单,时空复杂度低且可按给定精度求出最佳解。

1) 神经元布置

对如表 2-1 所示的产销平衡表的每个元素 x_{ij} 安排一个神经元,其输出 v_{ij} 迭代结束后有

$$x_{ij} = a_i v_{ij} \tag{2-30}$$

其中，v_{ij} 表示从产地 i 运往销地 j 的货量百分比，$v_{ij}=x_{ij}/a_i$。

2）能量函数构造

由式（2-30）可知，v_{ij} 在且只在 $[0,1]$ 闭区间取值，因而可用 HP 连续模型求解，其能量函数表达式为

$$E = \frac{A}{2}\sum_{i=1}^{m}(\sum_{j=1}^{n}v_{ij}-1)^2 + \frac{B}{2}\sum_{j=1}^{n}(\sum_{i=1}^{m}a_i v_{ij}-b_j)^2 + C\sum_{i=1}^{m}a_i\sum_{j=1}^{n}w_{ij}v_{ij} \qquad (2\text{-}31)$$

其中，A、B、C 为正的常数。系数项 A 为供货量约束，当满足 $\sum_{j=1}^{n}v_{ij}=1$，即为 $100/100$ 时，该项取得极小值 0；系数项 B 为需货量约束，当满足式（2-19）时，该项取得极小值 0；系数项 C 为目标项，显然，前两项为 0 时，此项取得极小值，且即为所求。

3）系数 A、B、C 的优化

由于两个约束项的地位平等，因此任何一个约束项不满足时，所得结果都是无效解，因而令 $A=B$，这样 E 中只有 A、C 两个参数。而在两个参数的情形下，一个参数的减小等价于另一个参数的增大，所以可再令 $C=1$ 以简化目标项，这时能量函数表达式变成如下：

$$E = \frac{A}{2}\left[\sum_{i=1}^{m}(\sum_{j=1}^{n}v_{ij}-1)^2 + \sum_{j=1}^{n}(\sum_{i=1}^{m}a_i v_{ij}-b_j)^2\right] + \sum_{i=1}^{m}a_i\sum_{j=1}^{n}w_{ij}v_{ij} \qquad (2\text{-}32)$$

下面根据 2.1 节的方法，讨论在给定精度 jd 下，为使 E 达到全局最小值，参数 A 的取法。从逻辑上讲，在能量函数中设立约束项的目的是保证当约束条件"满足"时，目标项的极小值就是要求的 E 的最小值（全局最小值），而当约束条件"不满足"时，目标项取任何值也不会使 E 达到最小值。这里所说的"满足"与"不满足"对实数运算来说是针对给定精度而言的，比如假设精度 $jd=10^{-2}$，则对理论上以"0"为极小值的非负约束项 E_1 来说，$E_1=0$ 可能永远不会满足，但 E_1 可能无限接近"0"。因此，为保证计算正常停止，同时保证结果符合精度要求，在实际迭代中往往把 $E_1<jd$ 视作 $E_1=0$。

根据上述思想，式（2-32）中参数 A 的取法就比较简单了。

令：

$$E_1 = \sum_{i=1}^{m}(\sum_{j=1}^{n}v_{ij}-1)^2 + \sum_{j=1}^{n}(\sum_{i=1}^{m}a_i v_{ij}-b_j)^2 \qquad (2\text{-}33)$$

$$E_0 = \sum_{i=1}^{m}a_i\sum_{j=1}^{n}w_{ij}v_{ij} \qquad (2\text{-}34)$$

则：

$$\frac{\partial E_1}{\partial V_{pq}} = A\left[\sum_{j=1}^{n}v_{pj}-1+a_p(\sum_{i=1}^{m}a_i v_{iq}-b_q)\right] \qquad p\in S_m,\, q\in S_n \qquad (2\text{-}35)$$

$$\frac{\partial E_0}{\partial V_{pq}} = a_p w_{pq} \qquad p\in S_m,\, q\in S_n \qquad (2\text{-}36)$$

由式（2-36）及统一归一化的 $a_i(a_i\leqslant1)$、$b_i(b_i\leqslant1)$、$w_{ij}(w_{ij}\leqslant1)$ 有

$$\left|\frac{\partial E_0}{\partial V_{pq}}\right| = a_p w_{pq} \leqslant \max_{i\in S_m}\{a_i\}\max_{i\in S_m,j\in S_n}\{w_{ij}\} \leqslant 1 \qquad (2\text{-}37)$$

根据 2.1 节分析的结论,即式(2-15)及式(2-16),令 $\alpha = \max\limits_{i \in S_m}\{a_i\} \max\limits_{i \in S_m, j \in S_n}\{w_{ij}\}$,并取 $A/2 = \alpha/\mathrm{jd}$,

即 $A = 2\alpha/\mathrm{jd}$。则当 $E_1 < \mathrm{jd}$ 时,对 $v_{ij} > 0$ 有,E_0 的最小值就是 E 的最小值(因为 $E_1 < \mathrm{jd}$ 时,E_1 可视为无穷小量 0,所以 $\min E \approx 0 + \min E_0 = \min E_0$)。而当 $E_1 > \mathrm{jd}$ 时,因为 $\alpha > 0$ 且:

$$E = \frac{A}{2}E_1 + E_0 = \frac{\alpha}{\mathrm{jd}}E_1 + E_0 > \frac{\alpha}{\mathrm{jd}}\mathrm{jd} + E_0 = \alpha + E_0 > E_0 \geqslant \min E_0 \qquad (2\text{-}38)$$

所以 E 不会取得最小值。其中 $\mathrm{jd} \in (0, 0.1]$,该值越小,收敛速度越慢,即迭代时间越长,本节改进算法取 $\mathrm{jd} = 0.1$ 便能达到令人满意的效果。

4)偏导函数及迭代公式

为在串行机上进行软件模拟,现在写出 E 的偏导函数完整表达式,如下:

$$\frac{\partial E}{\partial V_{pq}} = A\left[\sum_{j=1}^{n} v_{pj} - 1 + a_p\left(\sum_{i=1}^{m} a_i v_{iq} - b_q\right)\right] + a_p w_{pq} \qquad p \in S_m, q \in S_n \qquad (2\text{-}39)$$

利用关系式 $\dfrac{\mathrm{d}U}{\mathrm{d}t} = -\dfrac{\partial E}{\partial v_{pq}}$ 得迭代公式为

$$u_{pq}(t+1) = u_{pq}(t) - \frac{\partial E}{\partial v_{pq}}(t) \cdot h$$

$$v_{pq}(t+1) = 1/[1 + \exp(-u_{pq}(t+1))] \qquad (2\text{-}40)$$

其中,$p \in S_m, q \in S_n, h$ 为迭代步长,主要用于控制偏导数的大小,本节中取 $h = 1/A$;U 为 $m \times n$ 矩阵,存放 mn 个神经元的输入。

根据 2.1 节求全局最小值的讨论结果,现验证 A 的取法是否满足偏导数非零的条件。因为当 $\left|\dfrac{\partial E_1}{\partial v_{pq}}\right| > \mathrm{jd}$ 时,

$$\left|\frac{\partial E}{\partial v_{pq}}\right| = \left|\frac{A}{2}\frac{\partial E_1}{\partial v_{pq}} + a_p w_{pq}\right| \geqslant \frac{A}{2}\left|\frac{\partial E_1}{\partial v_{pq}}\right| - |a_p w_{pq}| > \frac{\alpha}{\mathrm{jd}}\mathrm{jd} - a_p w_{pq} = \alpha - a_p w_{pq} \geqslant 0$$

$$(2\text{-}41)$$

即 $\left|\dfrac{\partial E}{\partial v_{pq}}\right| \neq 0$,所以由 2.1 节的结论可知迭代式(2-40)可求得运输问题的全局最优解。

5)初值的选取

为限制迭代的数值范围,对所有 w_{ij}, a_i, b_j 均按最大值 $\max\{w_{ij}, a_i, b_j\}$ 规格化,使新的 w_{ij}, a_i, b_j 介于 $(0, 1]$ 区间。

U、V 的初值从理论上说来可以随机给定,但为了保证 V 的每行之和不超过 1,E 有较高的初始能量而又容易赋值,U、V 的初值按下式给定:

$$\begin{cases} u_{pq}(0) = -\ln(n-1) \\ v_{pq}(0) = \dfrac{1}{n} \end{cases} \qquad (2\text{-}42)$$

其中,由于 $1/(1 + e^{-u_{pq}(0)}) = 1/n$,因此,$1/n$ 的含义是向每个销地平均分派。

6）算法类 C 语言形式描述

为降低迭代过程求偏导数的计算量，特引入列向量 a1 及行向量 b1，并用 a1[p]、b1[q]分别存放 $\sum_{j=1}^{n} v_{pj} - 1$、$\sum_{i=1}^{m} a_i v_{iq} - b_q$，其中 $p \in S_m, q \in S_n$。

下面是用类 C 语言描述的步骤。

第 1 步 给 m、n、$\mathbf{W}$、$\mathbf{U}$、$\mathbf{V}$、a、b、jd（$=10^{-1}$）、jd1（$=10^{-11}$）、jd2（$=10^{-2}$）、count（$=18\ 000$）等赋初值。

第 2 步 计算参数 A 及 h，计算 suma $=\sum a[i]$ 并进行迭代，迭代的具体代码如下：

```
for (i = 1;i <= m;i ++) al[i] = 0;              //满足式(2-42)的 al 向量
for (j = 1;j <= n;j ++) b1[j] = suma/n - b[j];  //满足式(2-42)的 b1 向量
E = 初始能量;
t = 0;
while(t < = count)
 {t ++;
   for(p = 1;p < = m;p ++)                       //计算 t 时刻的 U、V
    for (q = 1;q < = n;q ++)
      {du = a[p] * w[p][q] + A * (a1[p] + a[p] * b1[q]);u[p][q] = u[p][q] - du * h;
       if (u[p][q] > 15) {v[p][q] = 1;u[p][q] = 15;}
       else if (u[p][q] < - 15) {v[p][q] = 0;u[p][q] = - 15;}
            else {v[p][q] = 1/(1 + exp( - u[p][q]));
                 if(v[p][q] < jd2)v[p][q] = 0; //忽略少于 1/100 的运量以加速收敛
                 }
        }
    //更新 a1、b1
   for(p = 1;p < = m;p ++){a1[p] = - 1;for(j = 1;j < = n;j ++)a1[p] = a1[p] + v[p][j];}
   for(q = 1;q < = n;q ++)
     {b1[q] = - b[q];for(i = 1;i < = m;i ++)b1[q] = b1[q] + a[i] * v[i][q];}
   E2 = 当前能量;
   if |E - E2| < jd1 转第 3 步
   E = E2;
 }
```

第 3 步 结果翻译整理。

第 4 步 输出平衡运量表及总运费。

第 5 步 结束。

7）算法分析及补充说明

由 6）的第 2 步可见，迭代被安排在 while 循环之内，循环体由几个并列循环构成，其中：第 1 个二重循环计算当时的 $\mathbf{V}$ 矩阵和 $\mathbf{U}$ 矩阵，时间复杂度为 $O(mn)$；第 2 个二重循环计算 al 向量，时间复杂度为 $O(mn)$；第 3 个计算 b1 向量；隐含的第 4～6 个循环计算当前能量 E2,其时间复杂度取决于第 6 个二重循环,也为 $O(mn)$。所以 while 循环体总的时间复杂度为 $O(mn)$,这就是每步迭代的计算量。因为只用了 $\pmb{U}$、$\pmb{V}$、$\pmb{W}$ 3 个 $m \times n$ 的矩阵和 a、b、a1、b1 4 个向量,所以算法的空间复杂度也为 $O(mn)$。

需要特别说明的是 6)中的第 3 步。对于连续实数运算,结果出现微小误差是难以避免的。对本节改进算法而言,每个神经元的输出在最后都表示的是一个百分数,由于误差和精度的因素,每行神经元输出之和一般约小于 1(百分之百),各运量 x_{ij} 按 $v_{ij}a_i$ 求出后可能使个别产地的供货量出现微小余量,这必然造成某个销地需货量未得到完全满足,因而有必要在算法中考虑结果的整理。实际上,经过神经网络连续模型迭代后,已基本确定了 $\pmb{V}$ 矩阵各元素的取值范围,只因迭代精度问题未最终得出最优解,所以结果整理是相当简单且自然的,即使运用人脑也能容易完成。该步的主要工作就是对每列非零元按单位运费递增的顺序进行一些微小补充,使该列总量与销量持平。作为参考,下面给出一个作者自行设计且运行效果良好的结果翻译整理的步骤。

第 1 步 恢复规格化前原始数据等,对所有 i、j 执行 $v_{ij}=v_{ij}*a_i$,对 $\pmb{V}$ 中各元素进行仅保留 1 位小数的四舍五入处理,暂存 a 于 a1。

第 2 步 对于矩阵 $\pmb{V}$,从第 1 列处理到第 n 列,对任意一列 q 的处理办法是:

① 求出该列 $\pmb{V}$ 的元素和 b1[q],并令 t1=b1[q]−b[q]。

② 如果 t1>0,则说明对第 q 个销地而言供过于求,需进行"退货"处理,办法是,先选 q 列 $\pmb{W}$ 的元素最大的行 p,若 0<v[p][q]<t1,则把 v[p][q]全部归还给 p 产地,即执行语句组 t1=t1−v[p][q];v[p][q]=0。若 v[p][q]>t1,则执行语句组 v[p][q]=v[p][q]−t1;t1=0。再判 t1 是否大于 0,若是则选 q 列 $\pmb{W}$ 的元素为次大的行 p,并做类似处理。重复"退货"过程,直至 t1=0 后转④。

③ 如果 t1<0,则说明第 q 个销地的需货量未得到满足,要做"进货"处理,办法是先选 q 列 $\pmb{V}$ 的元素大于 0 且 $\pmb{W}$ 的元素最小的行 p,并令 t2=a[p]−v[p][q],此时,若 0<t2<|t1|,则执行语句组 t1=t1+t2;v[p][q]=v[p][q]+t2。若 t2>|t1|,则执行 v[p][q]=v[p][q]+|t1|;t1=0。若 t2<0,则执行 v[p][q]=a[p];t1=t1+t2。再判 t1 是否仍小于 0,若是则选 q 列 $\pmb{V}$ 的元素大于 0 且 $\pmb{W}$ 的元素为次小的行 p 作类似处理。重复"进货"过程,直至 t1=0 后提前转④或所有行处理完毕后自然转④。

④ 执行循环 for(i=1;i<=m;i++)a[i]=a[i]−v[i,q]并修改列平衡标志后结束第 q 列的处理。

第 3 步 根据当前 a 检测是否存在行不平衡现象(a 中有元素不为 0),若存在,则从左至右找出第一个不平衡的列 q(各列均平衡则令 $q=n$),然后将 a 中各元素对应加入该列,并从 a1 恢复 a 后转第 2 步继续整理;若行平衡(a 中元素全为 0),则从 a1 恢复 a 后转第 4 步。

第 4 步 整理过程结束,此时 $\pmb{V}$ 中存放的便是最佳平衡货运量。

8) 程序实现及应用

针对第 6)～7)部分所给算法,这里给出用 VC++ 语言编制的示意性通用程序以供参考,有关参数由程序自行决定,用户只需将产销量及单位运费相关数据录入文本文件保存并将文件名用键盘输入。假设原始数据按产地数、销地数、各产地产量、各销地销量、单位运费的顺序依次存于文本文件中。数据间以一个空格分隔,为便于核对,原则上每类数据单独换行,即产地数、销地数在第 1 行,各产地产量在第 2 行,各销地销量在第 3 行,单位运费从第 4 行开始存放(每行 n 个数据,共 m 行)。计算结果显示于屏幕上(如果实际问题需要,也可改写入文件)。为提高结果整理效率,除算法已提及的数组外,程序还增加了一个标志数组 b2 以记录各列在一轮平衡处理中是否产销分配平衡,平衡则对应值为 1,否则为 0。

```cpp
//运输问题神经网络连续模型解法.cpp
# include < iostream. h >
# include < iomanip. h >
# include < stdio. h >
# include < stdlib. h >
# include < math. h >
# define M 100    //产地数最大可能取值,可以增大或缩小
# define N 100    //销地数最大可能取值,可以增大或缩小
# define count 18000    //控制最大迭代步数(可以增大或缩小,实际步数由参数 jd1 控制)
# define jd 1e-1    //控制系数 A 的精度参数,值越小迭代步数越多,即收敛越慢
# define jd1 1e-11    //控制迭代提前结束的精度;相继两步能量差小于 jd1 即提前结束迭代
# define jd2 1e-2    //控制神经元输出精度;为加速收敛,少于 1/100 的运量忽略不计
double w[M][N],a[M],b[N],a1[M],b1[N],b2[N];    //存放运费、产销量、辅助及标志向量等
double u[M][N],v[M][N],A,h,alpha,delta,suma=0,max;    //存放网络输入、输出及相关参数等
void print(int m,int n,double x[M][N])    //输出原始数据、结果数据等
 {int i,j;
 for(i=1;i<=m;i++)
     {printf("\n");
      for(j=1;j<=n;j++) printf(" %10.2lf",x[i][j]);
       printf(" %20.2lf",a[i]);
      }
 printf("\n\n");
 for(j=1;j<=n;j++) printf(" %10.2lf",b[j]);
 printf(" %20.2lf\n",suma);
}
void adjust(int m,int n) //结果整理
{int i,j,k,p,q,t,index[M][N],idx[M];double w1[M],t1,t2,temp;
  //预处理:对每列单位运费升序排序,建立行下标索引以提高结果整理效率(空间换时间)
  for(q=1;q<=n;q++)
    {for(i=1;i<=m;i++){idx[i]=i;w1[i]=w[i][q];}
```

```
        for(i=1;i<m;i++)//对第 q 列简单选择排序(也可选择计数排序等线性量级的高效方法)
            {k=i;
              for(j=i+1;j<=m;j++)if(w1[j]<w1[k])k=j;
              if(k!=i)
              {t=idx[i];idx[i]=idx[k];idx[k]=t;t1=w1[i];w1[i]=w1[k];w1[k]=t1;}
            }
        for(i=1;i<=m;i++)index[i][q]=idx[i]; //存放单位运费表第 q 列升序索引
    }
//结果整理第一步:恢复规格化前原始数据等,并对结果进行仅保留 1 位小数的四舍五入处理
for(i=1;i<=m;i++)a[i]=a[i]*max;
for(j=1;j<=n;j++)b[j]=b[j]*max;suma=suma*max;
for(i=1;i<=m;i++)
    {for(j=1;j<=n;j++)//观测统计表明,v 的第 i 行之和不超过 a[i]
        {v[i][j]=int((v[i][j]*a[i]+0.05)*10)/10.0;w[i][j]=w[i][j]*max;}
    a1[i]=a[i]; //暂存 a 于 a1
    }
print(m,n,v); //显示整理前运量安排
next0:;
for(q=1;q<=n;q++) //按形式算法进行各列结果数据整理
    {temp=0;for(i=1;i<=m;i++)temp=temp+v[i][q];b1[q]=temp;t1=b1[q]-b[q];
    if(t1>0) //第 q 列现有运量安排过剩,需进行退货处理
      {for(t=m;t>=1;t--) //按单位运费降序退货(使用贪婪思想)
        {p=index[t][q];
        if(v[p][q]>0&&v[p][q]<t1){t1=t1-v[p][q];v[p][q]=0;}
        else if(v[p][q]>=t1){v[p][q]=v[p][q]-t1;t1=0;}
        if(t1<=0)goto next1;
        }
      }
    else if(t1<0) //第 q 列现有运量安排不足,需进行补货处理
        {for(t=1;t<=m;t++) //按单位运费升序补货(仍使用贪婪思想)
            {p=index[t][q];
            if(v[p][q]>0)
                {t2=a[p]-v[p][q];
                if(t2>=0&&t2<=-t1){v[p][q]=v[p][q]+t2;t1=t1+t2;}
                else if(t2>-t1){v[p][q]=v[p][q]-t1;t1=0;}
                    else if(t2<0){v[p][q]=a[p];t1=t1+t2;}
                }
            if(t1>=0)goto next1;
            }
            /* 补货不必考虑 V 为 0 的元素,神经网络已确定出各元素变化趋势,
0 元素已固定,只因迭代精度原因各非 0 元暂未收敛到理想值 */
        }
    next1:;
```

```
    for(i=1;i<=m;i++)a[i]=a[i]-v[i][q];//调整各行剩余产量
    if(fabs(t1)<jd1)b2[q]=1;else b2[q]=0;//1代表平衡,0代表不平衡(需下一轮再平衡)
    }
i=1;while(i<=m&&fabs(a[i])<jd1)i++;//如果i<=m,则存在行不平衡现象
if(i<=m)//行不平衡则继续下一轮列平衡调整,否则结束整个结果整理过程
  {j=1;
   while(j<=n&&b2[j])j++;//如果j<=n,则存在列不平衡现象
   if(j>n)j=n;//如果所有列均平衡,则只针对最后列再平衡
   for(p=1;p<=m;p++)
      {v[p][j]=v[p][j]+a[p];//将本轮剩余产量全部对应添加到第一个不平衡列
       if(v[p][j]<0)v[p][j]=0;//将添加后小于0的V元素清0
      }
   for(i=1;i<=m;i++)a[i]=a1[i];//恢复产量(原始供货量)
   goto next0;//继续下一轮平衡调整
  }
for(i=1;i<=m;i++)a[i]=a1[i];//恢复产量(原始供货量)
}
main()
{int i,j,m,n,p,q,t;
 double du,E,E2,maxa=0,maxb=0,maxw=0,temp;
 FILE *f;char fn[100];
 cout<<"please input source data file name:";cin>>fn;
 //可输入data35.txt,data36.txt,data37.txt等文件名进行测试
 f=fopen(fn,"r");
 fscanf(f,"%d%d",&m,&n);//从文件读入实际产地数、销地数(含人工虚设)
 for(i=1;i<=m;i++)//从文件读入各地实际产量(含人工虚设),并求最大值、总和
  {fscanf(f,"%lf",&a[i]);suma=suma+a[i];if(a[i]>maxa)maxa=a[i];}
 for(j=1;j<=n;j++)//从文件读入各地实际销量(含人工虚设),并求最大值
  {fscanf(f,"%lf",&b[j]);if(b[j]>maxb)maxb=b[j];}
 for(i=1;i<=m;i++)//从文件读入单位物资运费表(含人工虚设),并求最大值
    for(j=1;j<=n;j++){fscanf(f,"%lf",&w[i][j]);if(w[i][j]>maxw)maxw=w[i][j];}
 fclose(f);
 max=maxw;
 if(maxa>max)max=maxa;if(maxb>max)max=maxb;//将产销量及单位运费最大值存入max
 print(m,n,w);//显示规格化前原始数据
 //规格化产销量及单位运费等,使其介于区间(0,1)
 for(i=1;i<=m;i++)a[i]=a[i]/max;for(j=1;j<=n;j++)b[j]=b[j]/max;
 for(i=1;i<=m;i++)for(j=1;j<=n;j++)w[i][j]=w[i][j]/max;
 suma=suma/max;maxa=maxa/max;maxb=maxb/max;maxw=maxw/max;
 print(m,n,w);//显示规格化后原始数据
 for(i=1;i<=m;i++)//给U、V赋初值
    for(j=1;j<=n;j++){u[i][j]=-log(n-1);v[i][j]=1.0/n;}
 print(m,n,u);print(m,n,v);//显示U、V初始状态
```

```
alpha = maxa * maxw;A = 2.0 * alpha/jd;h = 1/A; //计算系数 A 及迭代步长 h
for(i = 1;i <= m;i ++)a1[i] = 0; //生成满足式(2-42)的 a1 向量各元素初值
for(j = 1;j <= n;j ++)b1[j] = suma/n - b[j]; //生成满足式(2-42)的 b1 向量各元素初值
E = 0; //计算初始能量存入 E
for(i = 1;i <= m;i ++)E = E + a1[i] * a1[i];for(j = 1;j <= n;j ++)E = E + b1[j] * b1[j];
E = E * A/2;
for(i = 1;i <= m;i ++)
  {temp = 0;for(j = 1;j <= n;j ++)temp = temp + w[i][j] * v[i][j];E = E + a[i] * temp;}
t = 0;
while(t <= count) //计划迭代 count 步
  {t ++;
  for(p = 1;p <= m;p ++) //计算 t 时刻的 U、V 各元素
    for(q = 1;q <= n;q ++)
      {du = a[p] * w[p][q] + A * (a1[p] + a[p] * b1[q]);temp = u[p][q] - du * h;
      if(temp > 15){v[p][q] = 1;u[p][q] = 15;}
      else if(temp < -15){v[p][q] = 0;u[p][q] = -15;}
          else{u[p][q] = temp;v[p][q] = 1/(1 + exp(-temp));
              if(v[p][q] < jd2)v[p][q] = 0; //为加速收敛,少于 1/100 的运量忽略不计
              }
      }
  //更新 a1、b1
  for(p = 1;p <= m;p ++){a1[p] = -1;for(j = 1;j <= n;j ++)a1[p] = a1[p] + v[p][j];}
  for (q = 1;q <= n;q ++)
      {b1[q] = -b[q];for(i = 1;i <= m;i ++)b1[q] = b1[q] + a[i] * v[i][q];}
  E2 = 0; //计算当前能量存入 E2
  for (i = 1;i <= m;i ++) E2 = E2 + a1[i] * a1[i];
  for (j = 1;j <= n;j ++) E2 = E2 + b1[j] * b1[j];
  E2 = E2 * A/2;
  for (i = 1;i <= m;i ++)
    {temp = 0;for (j = 1;j <= n;j ++) temp = temp + w[i][j] * v[i][j];E2 = E2 + a[i] * temp;}
  delta = fabs(E - E2);E = E2;
  if(delta < jd1)goto next;
  }
next:;
  print(m,n,u);print(m,n,v); //显示迭代结束后的 U、V 值
  adjust(m,n);cout << endl << endl; //结果整理
  print(m,n,v); //显示存于 V 中的最终计算结果
  //计算总运费
  temp = 0;for(i = 1;i <= m;i ++)for(j = 1;j <= n;j ++)temp = temp + w[i][j] * v[i][j];
  cout <<"总运费 = "<< temp << endl;
}
```

改进后的算法每步用时是与 mn 成正比的。对 m 个产地 n 个销地的运输问题,神经

元的个数不能少于 mn。而对具有 mn 个神经元的网络,其软件模拟每步迭代的时间复杂度的下界为 $O(mn)$,这说明所给出的平方量级改进算法是快速的,且不可能再有快一个量级的神经网络连续模型求解算法产生(仅对运输问题而言)。

为检验本算法所得解的质量,下面使用 3 个实例进行测试(因收敛速度很快,3 个实例的实际迭代步数分别为 4 453、2 043、1 262。为保证其他实例的测试,程序中 count 常量取值较大,为 18 000)。

上述程序的测试实例 1:设某物资有 W_1、W_2、W_3 3 个产地,D_1、D_2、D_3、D_4 4 个销地,它们的产销量及两地间运费如表 2-4 所示,试制订能使总运费最低的调运方案。

表 2-4　测试实例 1 产销量及运费表

产地	销地				产量 a_i
	D_1	D_2	D_3	D_4	
W_1	20	11	3	6	5
W_2	5	9	10	2	10
W_3	18	7	4	1	15
销量 b_j	3	3	12	12	30

传统方法(表上作业法)所得最优解[23]95 为

$$\boldsymbol{V}=\begin{bmatrix} 0 & 0 & 5 & 0 \\ 3 & 0 & 0 & 7 \\ 0 & 3 & 7 & 5 \end{bmatrix},\text{总运费}=98$$

本节改进算法,即上述程序所得解与此完全相同。

测试实例 2:产销量及运费见表 2-5,求最佳调运方案[24]170。

表 2-5　测试实例 2 产销量及运费表

产地	销地								产量 a_i
	D_1	D_2	D_3	D_4	D_5	D_6	D_7	松弛	
W_1	6	7	5	4	8	6	5	0	7 000
W_2	10	5	4	5	4	3	2	0	4 000
W_3	9	5	3	6	5	9	4	0	10 000
销量 b_j	1 000	2 000	4 500	4 000	2 000	3 500	3 000	1 000	21 000

传统方法所得最优解[24]170 为

$$\boldsymbol{V}=\begin{bmatrix} 1\ 000 & 0 & 0 & 4\ 000 & 0 & 0 & 1\ 000 & 1\ 000 \\ 0 & 0 & 0 & 0 & 0 & 3\ 500 & 500 & 0 \\ 0 & 2\ 000 & 4\ 500 & 0 & 2\ 000 & 0 & 1\ 500 & 0 \end{bmatrix},\text{总运费}=78\ 000$$

本节改进算法所得解为

$$\boldsymbol{V} = \begin{bmatrix} 1\ 000 & 0 & 0 & 4\ 000 & 0 & 732.3 & 267.7 & 1\ 000 \\ 0 & 0 & 0 & 0 & 0 & 2\ 767.7 & 1\ 232.3 & 0 \\ 0 & 2\ 000 & 4\ 500 & 0 & 2\ 000 & 0 & 1\ 500 & 0 \end{bmatrix}$$，总运费＝78 000

测试实例 3：产销量及运费见表 2-6，求最佳调运方案[22]122。

表 2-6　测试实例 3 产销量及运费表

产地	销地					产量 a_i
	D_1	D_2	D_3	D_4	D_5	
W_1	5	1	7	3	3	5
W_2	2	3	6	9	5	3
W_3	6	4	8	1	4	4
W_4	3	2	2	2	4	6
销量 b_j	2	7	3	2	4	18

传统方法所得最优解[22]122 为

$$\boldsymbol{V} = \begin{bmatrix} 0 & 5 & 0 & 0 & 0 \\ 2 & 1 & 0 & 0 & 0 \\ 0 & 0 & 0 & 2 & 2 \\ 0 & 1 & 3 & 0 & 2 \end{bmatrix}$$，总运费＝38

本节改进算法所得解为

$$\boldsymbol{V} = \begin{bmatrix} 0 & 3.7 & 0 & 0 & 1.3 \\ 2 & 0.7 & 0 & 0 & 0.3 \\ 0 & 0 & 0 & 2 & 2.0 \\ 0 & 2.6 & 3 & 0 & 0.4 \end{bmatrix}$$，总运费＝38

由以上各例可见，尽管神经网络方法与传统方法所得运量矩阵不一定相同，但总运费一样，且都为最佳解。这是因为有些优化问题的最佳方案本身就不唯一，所以最佳解不同是十分自然的。

2.3　旅行商问题的神经网络求解算法及改进[21-22,26-30]

本节简单介绍旅行商问题（TSP）的 Hopfield 神经网络连续模型解法及其存在的问题、已有的改进方法，并在已有改进方法基础上给出进一步的改进方法：

① 能量函数选用已有改进中仅含两个待定常参数的形式，然后在此基础上只保留约束项参数 A，省去目标项参数 D，相当于令 $D＝1$；

② 对能量函数唯一常参数 A 的取值范围，从提高迭代效率的角度进行了详细分析，

最后得出其取值区间为 $[1, 2\alpha/\text{jd} \cdot d_{\min}]$；

③ 为提高求解质量,在立方量级的 n 次最邻近点传统贪婪法中嵌入神经网络连续模型迭代优化算法,其输入输出矩阵 U、V 的迭代初值正好由每次贪婪法所获得的较优回路形成,其迭代结束条件由预定步数决定；

④ 编出了通用求解程序(含结果翻译、整理子程序)。

实测结果表明,本节对 HT 算法的改进有效,且该改进算法适合小规模 TSP 的解决。同时,本节也将再一次客观检验 Hopfield 神经网络连续模型的求解能力以及 TSP 的复杂度。

2.3.1 问题引入

J. J. Hopfield 和 D. W. Tank 在 1985 年建立了相互连接型网络模型,给出了求解(求满意解)具有 NP 完全复杂性的 TSP(旅行商问题)有效算法,开创了组合优化计算新领域。但是,Hopfield 网络具有不稳健性。算法收敛与否和计算能量函数及参数设置、城市数及城市分布、初始路径的选取等都有关,难以编出通用程序。因此,优化能量函数及其参数设置,合理安排迭代初值以及整理迭代结果,对于提高网络稳定性和解的质量、编写通用求解程序具有一定意义。

2.3.2 传统方法简述

NP 难题之 TSP 就是在给定 N 个城市及城市间距离的前提下,要求找出一条从任意城市 S_0 出发,各经过每个城市一次并在最后回到起点 S_0 的最短路径。已有各种各样的传统方法能在串行计算机上求解 TSP,其中精确方法有穷举法、动态规划法、分枝定界法、拉格朗日松弛法以及切平面法等。近似方法有最近邻接点连接法(贪婪法)、变换法(局部搜索法)、分而治之法等。但是精确方法的计算复杂度太高,对稍大规模的 TSP 就无法求解,而传统的近似解法主要针对冯·诺依曼计算机而设计,不适宜并行处理。人工神经网络方法正是一种可在并行系统上求解的近似方法,且一旦硬件出现突破性进展,运算速度将大幅提高。为检验他们自己首创的全连接网络之计算能力,Hopfield 与 Tank 首先抓住 TSP 这个传统难题,并成功地对其进行了求解,引起了信息界的轰动,开创了神经优化计算新领域。

2.3.3 HT 方法简介

为使 TSP 能用人工神经网络进行求解,Hopfield 和 Tank 使用了具有 N^2 个神经元的全互连连续时间模型,并选用了如下一些数据结构。

① 用 $N \times N$ 换位矩阵 V 代表 N^2 个神经元的输出。$V_{ij} = 1, i, j \in S_N \equiv \{1, 2, \cdots, N\}$,表示第 i 个城市第 j 次经过。当 V 每行每列有且仅有一个 1,其余元素为 0 时,则代表一

条有效路径。比如,若

$$V=\begin{bmatrix} 0 & 1 & 0 & 0 & 0 \\ 0 & 0 & 0 & 1 & 0 \\ 1 & 0 & 0 & 0 & 0 \\ 0 & 0 & 0 & 0 & 1 \\ 0 & 0 & 1 & 0 & 0 \end{bmatrix}$$

则 V 代表编号为 1、2、3、4、5 这 5 个城市的一条有效闭合路径。本来货郎可从任意城市出发然后又回到该城市,但为叙述和计算方便,约定货郎始终从 V 中第 1 列所代表的城市出发,然后到第 2 列,再第 3 列,……,最后回到第 1 列(由于是一个环路,实际起点城市的选择是无关紧要的),这样,目前 V 所代表的旅行路线为 3—1—5—2—4—3。

② $N \times N$ 输入矩阵 U,代表 N^2 个神经元的输入。

③ $N \times N$ 距离矩阵 d 是一对称方阵,d_{ij} 代表城市 i 与城市 j 间的距离,$i,j \in S_N$。有了该矩阵,V 所表达的有效环路路程 d_v 即可容易求解出来。比如,对①中的环路 3—1—5—2—4—3,其路程值 d_v 可由 $d_{31}+d_{15}+d_{52}+d_{24}+d_{43}$ 求得。

式(2-43)是根据 V 和 d 写出的 HT 方法能量函数表达式,如下:

$$E=\frac{A}{2}E_1+\frac{B}{2}E_2+\frac{C}{2}E_3+\frac{D}{2}E_4 \tag{2-43}$$

其中,A、B、C、D 是正的常数,E_4 是目标项,E_1、E_2、E_3 是约束项。

行约束:

$$E_1 = \sum_x \sum_i \sum_{j \neq i} V_{xi}V_{xj} \tag{2-44}$$

列约束:

$$E_2 = \sum_i \sum_x \sum_{y \neq x} V_{xi}V_{yi} \tag{2-45}$$

整体约束:

$$E_3 = (\sum_x \sum_i V_{xi} - N)^2 \tag{2-46}$$

目标项:

$$E_4 = \sum_x \sum_{y \neq x} \sum_i d_{xy}V_{xi}(V_{y,i+1} + V_{y,i-1}) \tag{2-47}$$

由于 Hopfield 连续模型选用 $v=1/(1+\exp(-u))$ 形式的输入输出转换函数,这就保证 $0 < V_{ij} < 1$,$i,j \in S_N$。因此,由式(2-44)~式(2-47)知:当 V 中每行"1"的个数不超过 1 时,E_1 取得极小值 0;当 V 中每列"1"的个数不超过 1 时,E_2 取得极小值 0;当 V 中"1"的总个数等于城市数 N 时,E_3 取得极小值 0。使得 E_1、E_2、E_3 同时为 0 的 V 代表一条有效环路,E_4 的值就是这条环路之长。

由此可见,只要适当选取正的常数 A、B、C、D,即可保证能量函数的极小值与 TSP 的最短环路长度相对应,此时的状态变量 V 就代表所求的城市序列。

为了能用数值方法求解,首先求出式(2-43)的偏导数,如下:

$$\frac{\partial E}{\partial V_{pq}} = A\sum_{j\neq q}V_{pj} + B\sum_{j\neq p}V_{jq} + C(\sum_i\sum_j V_{ij} - N) + D\sum_i d_{ip}(V_{i,q-1} + V_{i,q+1})$$

(2-48)

由式(2-48)得网络运动方程为

$$\frac{\mathrm{d}U_{pq}}{\mathrm{d}t} = -\frac{\partial E}{\partial V_{pq}} - \frac{U_{pq}}{\tau}$$

(2-49)

$$V_{pq} = (1 + \tanh(U_{pq}/U_0))/2$$

其中,$p, q \in S_N$,这是 $N\times N$ 个神经元状态方程的通用表达式。若在串行机上进行软件模拟,则需要求解式(2-48)和式(2-49)决定的 $N\times N$ 个一阶联立微分方程以得到换位矩阵 V 的一个有效表达;若要进行硬件模拟,则必须写出各神经元的相互连接权及偏值,如下:

$$W_{pi,qj} = -A\delta_{pq}(1-\delta_{ij}) - B\delta_{ij}(1-\delta_{pq}) - C - Dd_{pq}(\delta_{j,i+1} + \delta_{j,i-1})$$

(2-50)

$$I_{pi} = CN$$

(2-51)

其中,如果 $i=j$,则 $\delta_{ij}=1$,否则 $\delta_{ij}=0$。

Hopfield 给出了利用串行计算机求解式(2-49)的实例,参数选择如下:

$$A=B=500, C=200, D=500, U_0=0.02, N=10, \tau=1$$

起始条件为随机噪声,初值 $U_{pq} = U_{00} + \delta_{U_{pq}}$,$-0.1U_0 < \delta_{U_{pq}} < 0.1U_0$,$U_{00}$ 满足初始时刻 $\sum\sum V_{ij} = N$。具体模拟情况见文献[21]。

2.3.4 HT 方法存在的问题及已有改进

利用人工神经网络方法求解 TSP 的成功,引起了人们的极大兴趣。进一步研究表明,HT 方法尚存在许多有待解决的问题,要使该方法达到更令人满意的效果还需做更多努力。

1) 存在的问题

① 借助串行机模拟完成了 TSP 的计算,但只能证实这种方法可行。与已有的近似算法相比,计算速度并未得到改善。传统近似算法已有 $O(N^2)$ 量级的,而 HT 算法的每步迭代时间复杂度都是 $O(N^2)$,而且迭代步数不容忽视。

② HT 算法的收敛效果不好,即具有不稳健性,这主要来源于下面 5 个方面:第一,初值,即各神经元初值的大小和分布影响计算结果;第二,参数 A、B、C、D 及 U_0,这一点几乎是显然的,因为各参数的大小直接影响对应约束项在能量函数中的地位或所起作用的大小,而这些参数的协调控制却十分困难;第三,城市间距离分布;第四,输入输出函数;第五,算法本身。

2) 已有的各种改进

为了改进 HT 算法的质量和提高收敛速度,我国学者提出了如下一些方法。

① 在迭代过程中合理设置 V_{pq} 变成"0"或"1"的阈值,一旦 V_{pq} 达到或超过该阈值,相应的 V_{pq} 即被置成"0"或"1"。这种改进的合理性在于:V_{pq} 是缓慢变化的,当很接近"0"或"1"时,下一步的变化应当更接近"0"或"1",因而可干脆提前清 0 或置 1,从而提高迭代速度。

② 取消运动方程中的 $-U_{pq}/\tau$ 项,从而减少能量消耗。尤其是在进行软件模拟时,因为可直接由能量函数求偏导数且利用关系式 $\dfrac{\mathrm{d}U_i}{\mathrm{d}t} = -\dfrac{\partial E}{\partial V_i}$,所以往往不考虑 $-U_{pq}/\tau$,这样也更符合逻辑。

③ 用阶跃函数代替 Sigmoid 函数。

④ 用 $\dfrac{C}{2}\Big[\sum\limits_x\big(\sum\limits_i V_{xi}-1\big)^2 + \sum\limits_i\big(\sum\limits_x V_{xi}-1\big)^2\Big]$ 代替能量函数式(2-43)的前 3 项,即 $\dfrac{A}{2}E_1 + \dfrac{B}{2}E_2 + \dfrac{C}{2}E_3$,以加快运算速度,减少常数,增加约束项的可控性,并以足够大的 C 避免 E 取得局部极小值。

⑤ 当城市数量 N 很大时,采用分区方法将有助于提高解的质量和加快运算速度。

然而,以上所有的方法均不能保证 E 始终得到有效解,这是由能量函数及输入输出函数本身的性质决定的。为做到这一点,作者提出了进一步的改进方法。

2.3.5　改进方法

1) 能量函数

选取式(2-52)所示能量函数,如下:

$$E = \frac{A}{2}\Big[\sum_x\big(\sum_i V_{xi}-1\big)^2 + \sum_i\big(\sum_x V_{xi}-1\big)^2\Big] + \sum_x\sum_{y\neq x}d_{xy}\sum_i V_{xi}(V_{y,i-1}+V_{y,i+1})$$

(2-52)

其中,A 为正的常数,神经元输出矩阵 $\boldsymbol{V}$ 以及路程矩阵 $\boldsymbol{d}$ 的含义同 2.3.3 节。该能量函数就是在 2.3.4 节 2)④所述关于能量函数已有简化改进的基础上,进一步取消了目标约束项常系数(参数)$D/2$。因为在只有两个参数的情形,一个参数的减小等价于另一个的增大,所以仅用一个参数来协调控制约束项与目标项效果应该相同。

2) 常参数 A

先根据 2.1 节的方法,讨论在给定精度 jd 下,为使 E 达到全局最小值,参数 A 的取法。

从逻辑上讲,在能量函数中设立约束项的目的是保证当约束条件"满足"时,目标项的极小值就是要求的 E 的最小值(全局最小值),而当约束条件"不满足"时,目标项取任何值也不会使 E 达到最小值。这里所说的"满足"与"不满足"对实数运算来说是针对给定精度而言的,比如假设精度 jd$=10^{-2}$,则对理论上以"0"为极小值的非负约束项 E_1 来说,$E_1=0$ 可能永远不会满足,但 E_1 可能无限接近"0",因而为保证正常停机,同时保证结果符

合精度要求,在实际迭代中往往把 $E_1 <$ jd 视作 $E_1 = 0$。为此,根据该思想,令:

$$E_1 = \frac{A}{2}\Big[\sum_x \big(\sum_i V_{xi} - 1\big)^2 + \sum_i \big(\sum_x V_{xi} - 1\big)^2\Big] \tag{2-53}$$

$$E_0 = \sum_x \sum_{y \neq x} d_{xy} \sum_i V_{xi}(V_{y,i-1} + V_{y,i+1}) \tag{2-54}$$

则

$$\frac{\partial E_1}{\partial V_{pq}} = A\Big[\sum_i V_{pi} + \sum_i V_{iq} - 2\Big] \qquad p,q \in S_n \tag{2-55}$$

$$\frac{\partial E_0}{\partial V_{pq}} = \sum_i d_{ip}(V_{i,q-1} + V_{i,q+1}) \qquad p,q \in S_n \tag{2-56}$$

由式(2-56)及统一归一化的 $d_{ij}(\leqslant 1)$ 及满足约束条件的输出矩阵 $\boldsymbol{V}$(假设不满足约束条件时 $\boldsymbol{V}$ 的任意行和与列和均不超过1)有

$$\Big|\frac{\partial E_0}{\partial V_{pq}}\Big| = \sum_i d_{ip}(V_{i,q-1} + V_{i,q+1}) < \sum_i d_{ip} \cdot 1 = \sum_i d_{ip} \tag{2-57}$$

$$\Big|\frac{\partial E_0}{\partial V_{pq}}\Big| = \sum_i d_{ip}(V_{i,q-1} + V_{i,q+1}) \leqslant \sum_i 1 \cdot (V_{i,q-1} + V_{i,q+1}) = \sum_i V_{i,q-1} + \sum_i V_{i,q+1} \leqslant 2 \tag{2-58}$$

根据 2.1 节的分析结论,即式(2-15)及式(2-16),结合式(2-57)及式(2-58),令 $\alpha = \min\{2,$ 邻接矩阵 $\boldsymbol{d}$ 行和或列和的最大值$\}$,并取 $A/2 = \alpha/\mathrm{jd}$,即 $A = 2\alpha/\mathrm{jd}$,则当 $E_1 <$ jd 时,对 $v_{ij} > 0$ 有 E_0 的最小值就是 E 的最小值(因为 $E_1 <$ jd 时,E_1 可视为无穷小量 0,所以 $\min E \approx 0 + \min E_0 = \min E_0$)。而当 $E_1 >$ jd 时,因为 $\alpha > 0$ 且:

$$E = \frac{A}{2} \cdot E_1 + E_0 = \frac{\alpha}{\mathrm{jd}} E_1 + E_0 > \frac{\alpha}{\mathrm{jd}}\mathrm{jd} + E_0 = \alpha + E_0 > E_0 \geqslant \min E_0 \tag{2-59}$$

所以 E 不会取得最小值。其中 $\mathrm{jd} \in (0, 0.1]$,该值越小,收敛速度越慢,即迭代时间越长,本节改进算法取 $\mathrm{jd} = 0.1$ 时也能达到令人满意的效果。

现验证 A 的取法是否满足偏导数非零的条件。因为,当 $\Big|\frac{\partial E_1}{\partial v_{pq}}\Big| >$ jd 时,

$$\Big|\frac{\partial E}{\partial v_{pq}}\Big| = \Big|\frac{A}{2}\frac{\partial E_1}{\partial v_{pq}} + \frac{\partial E_0}{\partial v_{pq}}\Big|$$

$$\geqslant \frac{A}{2}\Big|\frac{\partial E_1}{\partial v_{pq}}\Big| - \Big|\sum_i d_{ip}(V_{i,q-1} + V_{i,q+1})\Big|$$

$$> \frac{\alpha}{\mathrm{jd}}\mathrm{jd} - \sum_i d_{ip}(V_{i,q-1} + V_{i,q+1})$$

$$\geqslant 0 \tag{2-60}$$

即 $\Big|\frac{\partial E}{\partial v_{pq}}\Big| \neq 0$,所以由 2.1 节的结论可知,相应迭代式理论上可求得 TSP 全局最优解。

由于式(2-57)及式(2-58)将 $\frac{\partial E_0}{\partial v_{pq}}$ 均进行了较大幅度的放大,$\alpha = 2$ 对应的参数 $A = 40$,A 值越大则迭代收敛速度越慢,式(2-60)也仅是保证迭代收敛的一个较强条件,接下来再

针对缩小参数 A 做粗略分析。

令邻接矩阵 d 的非零最小值为 $d_{\min}$、最大值为 $d_{\max}$，假设在迭代过程中网络输出矩阵 V 的每行和与每列和始终保持近似相等且接近 1 而不超过 1，并令其为 β。则有如下近似不等式：

$$\frac{\partial E}{\partial v_{pq}} = \frac{A}{2}\frac{\partial E_1}{\partial v_{pq}} + \frac{\partial E_0}{\partial v_{pq}} = A\left(\sum_i V_{pi} + \sum_i V_{iq} - 2\right) + \sum_i d_{ip}(V_{i,q-1} + V_{i,q+1})$$

$$\leqslant A(2\beta - 2) + 2\beta d_{\max} \tag{2-61}$$

$$\frac{\partial E}{\partial v_{pq}} = \frac{A}{2}\frac{\partial E_1}{\partial v_{pq}} + \frac{\partial E_0}{\partial v_{pq}} = A\left(\sum_i V_{pi} + \sum_i V_{iq} - 2\right) + \sum_i d_{ip}(V_{i,q-1} + V_{i,q+1})$$

$$\geqslant A(2\beta - 2) + 2\beta d_{\min} \tag{2-62}$$

令不等式(2-61)右端小于 0 可得：$A > \dfrac{\beta}{1-\beta}d_{\max}$，对于归一化的邻接矩阵有 $d_{\max}=1$，即 $A > \dfrac{\beta}{1-\beta}$。综合式(2-60)等已有结论，取 $\dfrac{\beta}{1-\beta} = \dfrac{2\alpha}{\mathrm{j}d}$，即，使得 $A > \dfrac{2\alpha}{\mathrm{j}d}$ 便可保证 $\dfrac{\partial E}{\partial v_{pq}} < 0$。

同理，令不等式(2-62)右端大于 0 可得：$A < \dfrac{\beta}{1-\beta}d_{\min}$，代入 $\dfrac{\beta}{1-\beta} = \dfrac{2\alpha}{\mathrm{j}d}$，得 $A < \dfrac{2\alpha}{\mathrm{j}d}d_{\min}$，同样可保证 $\dfrac{\partial E}{\partial v_{pq}} > 0$。这里 $d_{\min}$ 也已归一化。

所以实际编程时，为了提高迭代速度，参数 A 的大小最好限制在区间 $\left[1, \dfrac{2\alpha}{\mathrm{j}d}d_{\min}\right]$ 内，而不是在 $\left[\dfrac{2\alpha}{\mathrm{j}d}, \infty\right)$ 中取值。即使 $\dfrac{2\alpha}{\mathrm{j}d}d_{\min} < 1$，$A$ 仍可在 1～2 的范围内取值，因为 α 还可取更大的值。

3）迭代初值

关于迭代公式及迭代步长，仍选用与式(2-40)相同的形式。而输入输出矩阵 U、V 的迭代初值则由传统的最近邻接点贪婪法所获得的较优回路形成。从每个城市都出发贪婪一次，得到一组初值，然后进行迭代优化，并从中选出最佳结果。具体地，对于贪婪法所得的任意一条回路（迭代初值）首先根据 2.3.3 节①所述方法为输出矩阵（换位矩阵）V 赋值，然后据此按式(2-63)为输入矩阵 U 赋值，如下：

$$u_{pq}(0) = \begin{cases} 15 & v_{pq}(0) = 1 \\ -15 & v_{pq}(0) = 0 \end{cases} \tag{2-63}$$

其中，$\dfrac{1}{1+\mathrm{e}^{-15}} \approx 1$，$\dfrac{1}{1+\mathrm{e}^{-(-15)}} \approx 0$。

4）结果整理

对于连续实数运算，结果出现微小误差是难以避免的，对于本节算法，由于误差和精度的因素，每个神经元的输出最终均小于 1，而且每行、每列神经元输出之和也不超过 1，

这导致 V 所存数据不能直接满足 TSP 回路要求,因而有必要在算法中考虑结果的翻译、整理,尽量把方便留给用户。实际上,经过神经网络连续模型迭代后,已基本确定了 V 矩阵各元素的取值范围,只因迭代精度问题未最终得出直接满足 TSP 回路要求的解,所以对结果进行整理也是相当简单且自然的。作为参考,下面给出一个作者自行设计且运行效果良好的结果翻译、整理的步骤。

第1步　将 V 中过于接近"0"的元素直接清零,比如对满足 V[i][j]<0.000 1 的元素执行 V[i][j]＝0;

第2步　统计 V 各行及各列非零元个数分别存入辅助数组 a1、b1;

第3步　根据 a1、b1 判定 V 是否存在没有非零元的行或列,如果存在则提前结束整理过程(可宣布整理失败、迭代无解等),否则依次反复执行第 4 步和第 5 步,直至各行各列唯一非零元均处理完毕后转入第 6 步继续执行;

第4步　动态重置 V 各行唯一非零元之值为 1,所在列也对应调整,即将相应列其余各行非零元清零,同时修改数组 a1、b1 相应元素;

第5步　动态重置 V 各列唯一非零元之值为 1,所在行也对应调整,即将相应行其余各列非零元清零,同时修改数组 a1、b1 相应元素;

第6步　对 V 中有多个非零元的行,将最大元置 1,其余清零,同时修改数组 a1、b1 相应元素;

第7步　判定 V 是否构成一条有效的 TSP 回路,若是则生成该回路并求出长度,否则宣布整理失败、迭代无解等;

第8步　结束翻译整理过程。

5) 迭代条件

Hopfield 方法的结束条件是,对所有 p、$q \in \{1,2,\cdots,N\}$ 有 $|V_{pq}(t+1)-V_{pq}(t)| \leqslant jd$。这可通过检测相邻两步 V 矩阵各元素或能量函数来实现,但会增加计算量,还可能会遇到不收敛的情况而使迭代进入死循环。对于本节算法,由于进行了初值、参数 A 及结果翻译整理等方面的优化,绝大多数实例经过不超过 10 000 步迭代便能获得满意解,所以在实际编程时,以预定迭代步数(step)为结束条件。

6) 算法步骤

为保证求解质量,本节算法按如下步骤编程:

第1步　从键盘接收城市坐标文件名及预定迭代步数,并从文件读入城市数及各城市坐标,生成邻接矩阵等;

第2步　确定参数 A 及迭代步长 h 等;

第3步　对每个城市 i 依次执行第 4 步、第 5 步和第 6 步,并从中选出最优结果;

第4步　从城市 i 出发按最近邻接点贪婪法求得一条 TSP 较优回路;

第5步 使用本节改进的 HT 连续模型算法进行迭代优化；

第6步 翻译整理本次迭代结果；

第7步 输出所挑选的最优结果；

第8步 结束。

从算法框架容易知道,本节算法的时间复杂度是 $O(n^3)$ 量级,在算法效率方面没有量级改善,整体时间复杂度反而由平方量级变成了立方量级。本节算法改善的主要是模型及参数、求解质量、迭代总步数以及程序通用性等。在求解质量方面虽有改善,但仍然不能保证对所有实例都能求出全局最优解,这是由问题本身的复杂性决定的,它使得算法有时只能求得局部极小值。

7) 通用程序

综合前述第 1)~6)部分的讨论,这里给出用 VC++语言编制的示意性通用程序以供参考,有关参数由程序自行决定,用户只需将城市坐标数据录入文本文件保存并将文件名和预定迭代步数键盘输入即可。假设原始数据按城市数、各城市二维坐标的顺序依次存于文本文件中。数据间以一个空格分隔,为便于核对,原则上每类数据单独换行,即城市数在第 1 行,各城市坐标从第 2 行开始存放(每行两个数据)。计算结果显示于屏幕上(如果实际问题需要,也可改写入文件)。除了前述第 1)~6)部分已提及的邻接矩阵 cost、神经网络输入矩阵 U、输出矩阵 V 以及结果整理辅助数组 a1、b1 之外,本程序还增加了辅助数组 a、b 分别存放迭代过程中 V 矩阵的每行之和与每列之和,以提高迭代效率,同时还使用了 e、Z、g 3 个数组分别存放从任意城市 k 出发,根据最近邻接点贪婪策略所求得的 TSP 初始优化回路、经神经网络进一步迭代优化并整理后所得结果回路以及从中挑选出的最终结果回路。

```
//旅行商问题(TSP)Hopfield 神经网络连续模型解法.cpp
#include<iostream.h>
#include<iomanip.h>
#include<stdio.h>
#include<stdlib.h>
#include<math.h>
#define N 3001 //假设城市数小于 3000
#define wqd 2147483648 //表示无穷大
#define jd 0.1 //与参数 A 配合控制迭代精度,一般在 0.001 至 0.1 范围取值,并非越小越好
float A=10; //协调约束项与目标项的参数,根据邻接矩阵、精度 jd 等确定,本程序自动计算
float h=0.1; //控制迭代步长,一般在 0.05~1 的范围取值,越小收敛越慢,本程序取 h=1/A
long int step=18000; //控制迭代步数,通过键盘输入
typedef float cx[N+2]; //邻接矩阵、迭代输入输出矩阵等行类型
```

```
cx * cost, * U, * V,a,b;
long int vexs[N+1][2],n,e[N],a1[N],b1[N],Z[N],g[N];
float min,min1,min2;
void permute(int k) //从 k 出发按最近邻接点贪婪法求出一条 TSP 初始优化回路存于数组 e
   {float temp;long c[N],d[N];
    int p,q,r;
    for (p=1;p<=n;p++) c[p]=0;d[1]=k;c[k]=1;
    for (p=2;p<=n;p++)
        {temp=wqd;r=k;
         for (q=1;q<=n;q++) if(! c[q]&&cost[k][q]<temp){r=q;temp=cost[k][q];}
         if (r==k) goto next1;
         d[p]=r;c[r]=1;k=r;}
    temp=0;d[n+1]=d[1];
    for (q=1;q<=n;q++)temp=temp+cost[d[q]][d[q+1]];
    min=temp;for (q=1;q<=n+1;q++) e[q]=d[q];
    next1;;
    }
int adjust() //结果翻译整理,整理后的结果路径存于全局数组 Z
{long int i,j,k,m,t,jx=0;float max;int tf=1;
  for(i=1;i<=n;i++){a1[i]=0;b1[i]=0;Z[i]=0;}
  for(i=1;i<=n;i++) //太接近 0 的元素直接清 0
    for(j=1;j<=n;j++)if(V[i][j]<0.0001)V[i][j]=0;
  for(i=1;i<=n;i++) //统计 V 各行及各列非零元个数(唯一非零元则以行、列号相反数表示)
    for(j=1;j<=n;j++)
      if(V[i][j]>0)
        {if(a1[i]==0)a1[i]=-j;
         else if(a1[i]<0)a1[i]=2;
            else a1[i]=a1[i]+1;
         if(b1[j]==0)b1[j]=-i;
         else if(b1[j]<0)b1[j]=2;
            else b1[j]=b1[j]+1;
        }
  for(i=1;i<=n;i++)
    if(a1[i]==0||b1[i]==0){cout<<"结果整理失败"<<endl;tf=0;goto next2;}
next3;;
  for(i=1;i<=n;i++) //动态重置 V 各行唯一非零元之值为 1,U 相应调整,所在列也对应调整
    if(a1[i]<0)
    {j=-a1[i];V[i][j]=1;U[i][j]=15;Z[j]=i;
     if(b1[j]>1) //将第 j 列其余非零元清 0,同时修改 a1、b1 相应元素
       for(k=1;k<=n;k++)
         if(k!=i&&V[k][j]>0&&a1[k]>1&&b1[j]>1)
          {V[k][j]=0;U[k][j]=-15;
            a1[k]=a1[k]-1;
```

```
                 if(a1[k] == 1)for(m = 1;m <= n;m++)if(V[k][m] > 0){a1[k] = -m;break;}
                 if(a1[k] < 0)Z[m] = k;
                 b1[j] = b1[j] - 1;
                 if(b1[j] == 1)b1[j] = -i;
                 jx = 1;
                 }
        }
   for(i = 1;i <= n;i++)  //动态重置 V 各列唯一非零元之值为 1,U 相应调整,所在行也对应调整
     if(b1[i] < 0)
     {j = -b1[i];V[j][i] = 1;U[j][i] = 15;Z[i] = j;  //与前述行处理可能有重复
      if(a1[j] > 1)  //将第 j 行其余非零元清 0,同时修改 a1、b1 相应元素
         for(k = 1;k <= n;k++)
            if(k!= i&&V[j][k] > 0&&a1[j] > 1&&b1[k] > 1)
            {V[j][k] = 0;U[j][k] = -15;
             b1[k] = b1[k] - 1;
             if(b1[k] == 1)for(m = 1;m <= n;m++)if(V[m][k] > 0){b1[k] = -m;break;}
             if(b1[k] < 0)Z[k] = m;
             a1[j] = a1[j] - 1;
             if(a1[j] == 1)a1[j] = -i;
             jx = 1;
             }
        }
   if(jx == 1){jx = 0;goto next3;}
   for(i = 1;i <= n;i++)  //对于 V 有多个非零元的行,将最大值置 1,其余清 0,U 对应调整
     if(a1[i] > 0){max = 0;t = 0;
                  for(j = 1;j <= n;j++)if(Z[j] == 0&&V[i][j] > max){max = V[i][j];t = j;}
                  Z[t] = i;V[i][t] = 1;U[i][t] = 15;
                  for(j = 1;j < t;j++)
                     if(V[i][j] > 0){V[i][j] = 0;U[i][j] = -15;a1[i]-- ,b1[j]-- ;}
                  for(j = t+1;j <= n;j++)
                     if(V[i][j] > 0){V[i][j] = 0;U[i][j] = -15;a1[i]-- ,b1[j]-- ;}
                  }
   for(i = 1;i <= n;i++)
      if(Z[i] == 0||a1[i] == 0||b1[i] == 0)
        {cout <<"结果整理失败"<< endl;tf = 0;goto next2;}
   Z[n+1] = Z[1];min1 = 0;
   for(i = 1;i <= n;i++)min1 = min1 + cost[Z[i]][Z[i+1]];
next2;;return tf;
}
void print(cx x[])  //输出原始数据、结果数据等
{int i,j;
   for(i = 1;i <= n;i++)
     {printf("\n");
```

```
    for(j = 1;j <= n;j ++ ) printf(" % 10.4f",x[i][j]);}
  printf("\n");
}
void main()
{long int i,j,k,k1,k2,m,p,q;
  float E,temp,temp1,mind = wqd,maxd = 0,x1,y1,alpha = 0;
  char fn[100];FILE * f;
  cost = new cx[N + 1];
  U = new cx[N + 1];
  V = new cx[N + 1];
  cout <<"请输入城市坐标文件名:";cin >> fn;
  //可输入 tsptest * .txt 等文件名进行测试
  f = fopen(fn,"r");fscanf(f," % ld",&n); //打开原始数据文件并读入城市数存于 n
  for(i = 1;i <= n;i ++ ) //读入各城市坐标存于数组 vexs
      {fscanf(f," % ld % ld",&k1,&k2);vexs[i][0] = k1;vexs[i][1] = k2;}
  fclose(f);
  for(i = 1;i <= n;i ++ ) //显示各城市编号、坐标
      cout << i <<":("<< vexs[i][0]<<","<< vexs[i][1]<<")"<< endl;
  for(i = 1;i <= n;i ++ ) //构造邻接矩阵 cost 并求各城市间距离最大值 maxd、最小值 mind
    {cost[i][i] = 0;
      for(j = 1;j < i;j ++ )
        {x1 = vexs[i][0] - vexs[j][0];y1 = vexs[i][1] - vexs[j][1];
          cost[i][j] = sqrt(x1 * x1 + y1 * y1);cost[j][i] = cost[i][j];
          if(cost[i][j]> maxd)maxd = cost[i][j];if(cost[i][j]< mind)mind = cost[i][j];
        }
    }
  if(n < 11)print(cost); //显示小规模邻接矩阵
  for(i = 1;i <= n;i ++ )
    for(j = 1;j <= n;j ++ )cost[i][j] = cost[i][j]/maxd; //规格化(归一化)邻接矩阵
  for(i = 1;i <= n;i ++ ) //求规格化邻接矩阵各行和的最大值(也是各列和最大值,因 cost 对称)
    {temp = 0;for(j = 1;j <= n;j ++ )temp = temp + cost[i][j];if(temp > alpha)alpha = temp;}
  if(alpha > 2)alpha = 2;
  //参数 A 及步长 h
  A = 2.0 * alpha/jd;A = A * mind/maxd;if(A < 0.8)A = 1;else if(A < 2)A = 2;h = 1/A;
  cout << endl <<"请输入迭代步数(< 18000):";cin >> step;
  min2 = wqd; //记录最终所求最短路径的长度,初值为无穷大
  for(m = 1;m <= n;m ++ ) //每点出发一次按最近点贪婪法求出初始回路,然后进一步迭代优化
   {permute(m);if(min < min2){min2 = min;for(q = 1;q < n + 1;q ++ )g[q] = e[q];}
     for(i = 1;i <= n;i ++ )for(j = 1;j <= n;j ++ ) {U[i][j] = - 15;V[i][j] = 0;}
     for(i = 1;i <= n;i ++ ){V[e[i]][i] = 1;U[e[i]][i] = 15;}
     for(k = 1;k <= step;k ++ ) //迭代 step 步,找出最优解或近似最优解
```

```
    {for(i = 1;i < = n;i + +){a[i] = 0;b[i] = 0;V[i][0] = V[i][n];V[i][n + 1] = V[i][1];}
    for(i = 1;i < = n;i + +)  //求 V 前一步各行及各列元素之和
      for(j = 1;j < = n;j + +){a[i] = a[i] + V[i][j];b[i] = b[j] + V[i][j];}
    /*//计算前一步能量,如果无需观察能量下降趋势,可省去该部分代码以提高迭代效率
    temp = 0;for(i = 1;i < = n;i + +)temp = temp + (a[i] - 1) * (a[i] - 1);
    E = temp * A/2;
    temp = 0;for(i = 1;i < = n;i + +)temp = temp + (b[i] - 1) * (b[i] - 1);
    E = E + temp * A/2;
    temp = 0;
    for(p = 1;p < = n;p + +)
     for(q = 1;q < = n;q + +)
      if(q! = p)
          {temp1 = 0;
          for(i = 1;i < = n;i + +)temp1 = temp1 + V[p][i] * (V[q][i + 1] + V[q][i - 1]);
          temp = temp + temp1 * cost[p][q];}
    E = E + temp/2;
    cout << E << endl;
     */
    for(p = 1;p < = n;p + +)  //计算下一步的 U
     for(q = 1;q < = n;q + +)
       {temp = A * (a[p] + b[q] - 2);
        for(i = 1;i < = n;i + +)temp = temp + cost[i][p] * (V[i][q - 1] + V[i][q + 1]);
        U[p][q] = U[p][q] - temp * h;}
    for(p = 1;p < = n;p + +)  //计算下一步的 V
      for(q = 1;q < = n;q + +)
       if(U[p][q] > = 15)V[p][q] = 1;
       else if(U[p][q] < = - 15)V[p][q] = 0;
          else V[p][q] = 1/(1 + exp( - U[p][q]));
   }
  cout << endl << endl;for(i = 1;i < = n + 1;i + +)cout << e[i] << " ";
  cout << ":"<< min * maxd;
  cout <<"(从"<< m <<"出发经最近点贪婪策略所得初始解。迭代结果如下)"<< endl;
  print(V);
  if(adjust())
    {print(V);if(min1 < min2){min2 = min1;for(q = 1;q < = n + 1;q + +)g[q] = Z[q];}
     cout << endl;for(i = 1;i < = n + 1;i + +) cout << Z[i] << " ";cout <<":"<< min1 * maxd;
     cout <<"(从"<< m
     cout <<"出发的初始解所得迭代结果。结果阵 V 整理前后情况如上)"<< endl;}
 }
cout << endl <<"最终结果如下(具有同样长度的回路序列可能不唯一):"<< endl;
for(i = 1;i < = n + 1;i + +) cout << g[i] << " ";
cout <<":"<< min2 * maxd << endl << endl;  //屏幕显示最终结果
f = fopen("result.txt","w");  //将最终结果存入文件
```

```
fprintf(f,"%s%1.2lf","该程序所得最优路长:",min2*maxd);
fprintf(f,";回路序列之一为:");
for(i=1;i<n+1;i++) fprintf(f,"%d,",g[i]);
fprintf(f,"%d。\n",g[1]);
fclose(f);
}
```

为检验上述程序所得解的质量,特随机生成了 50 个实例进行测试。其中,42 个实例得出了与穷举法等其他方法所得最短回路相同长度的解(路径序列不一定相同),8 个实例(1、35、44、46~50)没有得出。假设用相对优化率,即(本程序所得最优回路长-其他方法所得最优回路长)/其他方法所得最优回路长来衡量本程序所得解的质量,则本程序对这 8 个实例所得解的优化率依次为 0.031 8、0.000 7、0.018 5、0.027 7、0.008 4、0.066 4、0.050 4、0.058 2,均在 7%以下。在迭代步数方面,除实例 50 迭代了 16 656 步才选出本程序最好解外,其他实例均在 7 300 步以下完成了挑选,最少的仅用 376 步(初始解碰巧就是最好解的情况除外,这种情况本来就无需迭代)。各实例原始数据及测试结果如下。

测试实例 1:已知 4 个城市的横纵坐标依次为 498 93 159 419 310 412 287 324,求其 TSP 回路。

其他方法(穷举法及第 3 章方法)已得最优路长:993.70;回路序列:1,3,2,4,1。

该程序所得最优路长:1 025.29;回路序列:1,4,3,2,1。

测试实例 2:已知 5 个城市的横纵坐标依次为 316 429 262 176 92 262 506 335 162 10,求其 TSP 回路。

其他方法(穷举法及第 3 章方法)已得最优路长:1 237.95;回路序列:1,3,5,2,4,1。

该程序所得最优路长:1 237.95;回路序列:1,4,2,5,3,1。

测试实例 3:已知 5 个城市的横纵坐标依次为 492 132 476 232 33 418 476 295 449 93,求其 TSP 回路。

其他方法(穷举法及第 3 章方法)已得最优路长:1 209.98;回路序列:1,5,3,4,2,1。

该程序所得最优路长:1 209.98;回路序列:5,1,2,4,3,5。

测试实例 4:已知 5 个城市的横纵坐标依次为 147 399 457 194 88 172 412 133 306 56,求其 TSP 回路。

其他方法(穷举法及第 3 章方法)已得最优路长:1 059.95;回路序列:1,2,4,5,3,1。

该程序所得最优路长:1 059.95;回路序列:1,3,5,4,2,1。

测试实例 5:已知 5 个城市的横纵坐标依次为 364 90 469 30 381 137 352 382 127 175,求其 TSP 回路。

其他方法(穷举法及第 3 章方法)已得最优路长:1 063.70;回路序列:1,2,3,4,5,1。

该程序所得最优路长:1 063.70;回路序列:1,2,3,4,5,1。

测试实例 6：已知 5 个城市的横纵坐标依次为 508 242 84 385 154 150 91 63 225 337，求其 TSP 回路。

其他方法(穷举法及第 3 章方法)已得最优路长：1 242.72；回路序列：1，3，4，2，5，1。

该程序所得最优路长：1 242.72；回路序列：3，4，2，5，1，3。

测试实例 7：已知 5 个城市的横纵坐标依次为 250 126 139 488 91 288 66 35 223 502，求其 TSP 回路。

其他方法(穷举法及第 3 章方法)已得最优路长：1 127.31；回路序列：1，4，3，2，5，1。

该程序所得最优路长：1 127.31；回路序列：1，4，3，2，5，1。

测试实例 8：已知 6 个城市的横纵坐标依次为 331 477 452 365 181 504 53 109 240 247 510 293，求其 TSP 回路。

其他方法(穷举法及第 3 章方法)已得最优路长：1 331.26；回路序列：6，2，1，3，4，5，6。

该程序所得最优路长：1 331.26；回路序列：3，1，2，6，5，4，3。

测试实例 9：已知 6 个城市的横纵坐标依次为 158 465 364 270 404 103 451 33 224 126 230 119，求其 TSP 回路。

其他方法(穷举法及第 3 章方法)已得最优路长：1 131.42；回路序列：1，2，3，4，6，5，1。

该程序所得最优路长：1 131.42；回路序列：3，4，6，5，1，2，3。

测试实例 10：已知 6 个城市的横纵坐标依次为 359 237 35 353 362 458 227 256 321 314 141 386，求其 TSP 回路。

其他方法(穷举法及第 3 章方法)已得最优路长：927.51；回路序列：1，4，2，6，3，5，1。

该程序所得最优路长：927.51；回路序列：3，5，1，4，2，6，3。

测试实例 11：已知 6 个城市的横纵坐标依次为 6 14 54 119 45 173 15 232 385 228 88 183，求其 TSP 回路。

其他方法(穷举法及第 3 章方法)已得最优路长：1 059.94；回路序列：2，1，5，6，4，3，2。

该程序所得最优路长：1 059.94；回路序列：1，2，3，4，6，5，1。

测试实例 12：已知 6 个城市的横纵坐标依次为 330 174 362 408 418 401 309 43 17 464 483 451，求其 TSP 回路。

其他方法(穷举法及第 3 章方法)已得最优路长：1 448.42；回路序列：3，1，4，5，2，6，3。

该程序所得最优路长：1 448.42；回路序列：2，6，3，1，4，5，2。

测试实例 13：已知 6 个城市的横纵坐标依次为 171 3 317 254 194 365 362 187 36 333 67 287，求其 TSP 回路。

其他方法(穷举法及第 3 章方法)已得最优路长:1 030.72;回路序列:1,4,2,3,5,6,1。

该程序所得最优路长:1 030.72;回路序列:4,2,3,5,6,1,4。

测试实例 14:已知 7 个城市的横纵坐标依次为 355 218 337 304 314 218 431 70 411 57 445 105 454 377,求其 TSP 回路。

其他方法(穷举法及第 3 章方法)已得最优路长:772.09;回路序列:1,3,2,7,6,4,5,1。

该程序所得最优路长:772.09;回路序列:1,3,2,7,6,4,5,1。

测试实例 15:已知 7 个城市的横纵坐标依次为 382 44 389 485 211 235 462 291 444 382 132 182 217 428,求其 TSP 回路。

其他方法(穷举法及第 3 章方法)已得最优路长:1 224.14;回路序列:2,5,4,1,6,3,7,2。

该程序所得最优路长:1 224.14;回路序列:4,5,2,7,3,6,1,4。

测试实例 16:已知 7 个城市的横纵坐标依次为 16 171 165 493 430 239 185 108 2 120 154 316 142 238,求其 TSP 回路。

其他方法(穷举法及第 3 章方法)已得最优路长:1 280.14;回路序列:2,3,4,5,1,7,6,2。

该程序所得最优路长:1 280.14;回路序列:5,1,7,6,2,3,4,5。

测试实例 17:已知 7 个城市的横纵坐标依次为 260 467 391 6 182 47 505 141 85 362 233 268 311 166,求其 TSP 回路。

其他方法(穷举法及第 3 章方法)已得最优路长:1 448.19;回路序列:5,3,2,4,7,6,1,5。

该程序所得最优路长:1 448.19;回路序列:2,4,7,6,1,5,3,2。

测试实例 18:已知 7 个城市的横纵坐标依次为 71 164 23 213 46 481 302 58 207 298 267 484 244 191,求其 TSP 回路。

其他方法(穷举法及第 3 章方法)已得最优路长:1 266.51;回路序列:2,1,4,7,5,6,3,2。

该程序所得最优路长:1 266.51;回路序列:3,2,1,4,7,5,6,3。

测试实例 19:已知 7 个城市的横纵坐标依次为 336 23 19 231 492 473 415 278 252 393 210 20 33 507,求其 TSP 回路。

其他方法(穷举法及第 3 章方法)已得最优路长:1 663.48;回路序列:1,6,2,7,5,3,4,1。

该程序所得最优路长:1 663.48;回路序列:2,7,5,3,4,1,6,2。

测试实例 20:已知 7 个城市的横纵坐标依次为 175 102 72 437 202 194 83 212 470

488 374 348 355 225,求其 TSP 回路。

其他方法(穷举法及第 3 章方法)已得最优路长:1 316.13;回路序列:1,3,7,6,5,2,4,1。

该程序所得最优路长:1 316.13;回路序列:2,4,1,3,7,6,5,2。

测试实例 21:已知 8 个城市的横纵坐标依次为 367 261 396 85 299 300 83 73 112 10 414 267 337 206 148 15,求其 TSP 回路。

其他方法(穷举法及第 3 章方法)已得最优路长:1 035.36;回路序列:1,3,4,5,8,2,7,6,1。

该程序所得最优路长:1 035.36;回路序列:2,7,6,1,3,4,5,8,2。

测试实例 22:已知 8 个城市的横纵坐标依次为 401 305 83 278 214 239 305 510 58 128 278 287 162 333 125 487,求其 TSP 回路。

其他方法(穷举法及第 3 章方法)已得最优路长:1 210.31;回路序列:1,4,8,7,2,5,3,6,1。

该程序所得最优路长:1 210.31;回路序列:3,6,1,4,8,7,2,5,3。

测试实例 23:已知 8 个城市的横纵坐标依次为 343 192 373 501 319 12 399 147 503 65 431 107 99 314 438 133,求其 TSP 回路。

其他方法(穷举法及第 3 章方法)已得最优路长:1 430.86;回路序列:5,3,7,2,1,4,8,6,5。

该程序所得最优路长:1 430.86;回路序列:1,4,8,6,5,3,7,2,1。

测试实例 24:已知 8 个城市的横纵坐标依次为 182 238 191 99 426 469 138 44 233 31 55 443 476 63 336 199,求其 TSP 回路。

其他方法(穷举法及第 3 章方法)已得最优路长:1 649.50;回路序列:1,2,4,5,7,8,3,6,1。

该程序所得最优路长:1 649.50;回路序列:1,2,4,5,7,8,3,6,1。

测试实例 25:已知 9 个城市的横纵坐标依次为 380 79 406 219 437 74 197 186 364 90 337 442 483 84 505 489 281 193,求其 TSP 回路。

其他方法(穷举法及第 3 章方法)已得最优路长:1 249.51;回路序列:1,3,7,2,8,6,4,9,5,1。

该程序所得最优路长:1 249.51;回路序列:4,9,5,1,3,7,2,8,6,4。

测试实例 26:已知 9 个城市的横纵坐标依次为 511 64 56 219 23 426 510 52 489 244 196 315 252 181 76 276 416 440,求其 TSP 回路。

其他方法(穷举法及第 3 章方法)已得最优路长:1 568.71;回路序列:1,5,9,6,3,8,2,7,4,1。

该程序所得最优路长:1 568.71;回路序列:4,1,5,9,6,3,8,2,7,4。

测试实例 27:已知 9 个城市的横纵坐标依次为 191 277 120 497 309 393 408 277 68 212 165 51 250 504 255 233 47 92,求其 TSP 回路。

其他方法(穷举法及第 3 章方法)已得最优路长:1 387.67;回路序列:1,2,7,3,4,8, 6,9,5,1。

该程序所得最优路长:1 387.67;回路序列:2,7,3,4,8,6,9,5,1,2。

测试实例 28:已知 10 个城市的横纵坐标依次为 43 509 44 190 124 370 348 51 507 144 381 91 222 232 93 340 309 499 387 434,求其 TSP 回路。

其他方法(穷举法及第 3 章方法)已得最优路长:1 635.36;回路序列:3,8,2,7,4,6, 5,10,9,1,3。

该程序所得最优路长:1 635.36;回路序列:2,8,3,1,9,10,5,6,4,7,2。

测试实例 29:已知 10 个城市的横纵坐标依次为 5 49 270 322 144 271 225 205 495 460 405 405 0 258 444 437 13 267 166 303,求其 TSP 回路。

其他方法(穷举法及第 3 章方法)已得最优路长:1 406.43;回路序列:1,4,5,8,6,2, 10,3,9,7,1。

该程序所得最优路长:1 406.43;回路序列:5,8,6,2,10,3,9,7,1,4,5。

测试实例 30:已知 10 个城市的横纵坐标依次为 235 349 89 464 245 382 322 266 484 382 246 124 228 359 430 375 290 354 217 231,求其 TSP 回路。

其他方法(穷举法及第 3 章方法)已得最优路长:1 202.20;回路序列:1,7,2,3,9,8, 5,4,6,10,1。

该程序所得最优路长:1 202.20;回路序列:3,2,7,1,10,6,4,5,8,9,3。

测试实例 31:已知 11 个城市的横纵坐标依次为 458 345 509 234 46 374 461 258 346 377 381 472 0 386 274 287 189 415 437 123 88 337,求其 TSP 回路。

其他方法(穷举法及第 3 章方法)已得最优路长:1 402.87;回路序列:1,6,5,9,7,3, 11,8,10,2,4,1。

该程序所得最优路长:1 402.87;回路序列:9,5,6,1,4,2,10,8,11,3,7,9。

测试实例 32:已知 11 个城市的横纵坐标依次为 241 6 443 223 72 433 305 135 223 54 467 211 294 166 88 206 352 277 237 465 241 505,求其 TSP 回路。

其他方法(穷举法及第 3 章方法)已得最优路长:1 414.71;回路序列:8,3,11,10,9, 2,6,7,4,1,5,8。

该程序所得最优路长:1 414.71;回路序列:3,11,10,9,2,6,7,4,1,5,8,3。

测试实例 33:已知 12 个城市的横纵坐标依次为 294 184 270 135 217 34 287 492 96 246 201 327 203 407 313 286 369 79 407 227 51 468 442 36,求其 TSP 回路。

其他方法(穷举法及第 3 章方法)已得最优路长:1 707.04;回路序列:2,1,5,11,4,7, 6,8,10,12,9,3,2。

该程序所得最优路长:1 707.04;回路序列:2,3,9,12,10,8,6,7,4,11,5,1,2。

测试实例34:已知12个城市的横纵坐标依次为249 453 49 437 21 359 384 488 264 76 122 314 124 288 43 123 324 165 403 449 194 195 459 89,求其TSP回路。

其他方法(穷举法及第3章方法)已得最优路长:1 718.75;回路序列:4,10,12,9,5,11,8,7,6,3,2,1,4。

该程序所得最优路长:1 718.75;回路序列:11,8,7,6,3,2,1,4,10,12,9,5,11。

测试实例35:已知13个城市的横纵坐标依次为257 188 166 180 208 448 485 337 71 66 265 424 175 182 227 460 297 148 372 381 60 497 108 218 247 107,求其TSP回路。

其他方法(穷举法及第3章方法)已得最优路长:1 558.38;回路序列:3,11,12,7,2,5,13,9,1,4,10,6,8,3。

该程序所得最优路长:1 559.53;回路序列:3,8,6,10,4,9,13,1,7,2,5,12,11,3。

测试实例36:已知13个城市的横纵坐标依次为451 219 316 176 215 246 383 81 59 359 3 60 298 336 491 101 182 427 171 76 448 174 20 34 460 146,求其TSP回路。

其他方法(穷举法及第3章方法)已得最优路长:1 619.08;回路序列:9,5,6,12,10,4,8,13,11,1,2,3,7,9。

该程序所得最优路长:1 619.08;回路序列:4,8,13,11,1,2,3,7,9,5,6,12,10,4。

测试实例37:已知13个城市的横纵坐标依次为62 490 293 254 258 178 48 466 83 97 305 467 447 99 147 170 136 325 201 451 295 93 135 465 9 472,求其TSP回路。

其他方法(穷举法及第3章方法)已得最优路长:1 629.84;回路序列:1,4,13,9,8,5,11,7,3,2,6,10,12,1。

该程序所得最优路长:1 629.85;回路序列:13,4,1,12,10,6,2,3,7,11,5,8,9,13。

测试实例38:已知13个城市的横纵坐标依次为82 116 51 218 326 431 485 127 345 200 432 222 8 59 31 322 416 412 35 222 381 250 27 495 475 443,求其TSP回路。

其他方法(穷举法及第3章方法)已得最优路长:1 827.76;回路序列:1,7,2,10,8,12,3,9,13,11,6,4,5,1。

该程序所得最优路长:1 827.76;回路序列:1,7,2,10,8,12,3,9,13,11,6,4,5,1。

测试实例39:已知13个城市的横纵坐标依次为91 322 258 480 370 417 292 315 437 285 28 342 128 247 297 115 19 106 433 35 363 85 123 220 469 474,求其TSP回路。

其他方法(穷举法及第3章方法)已得最优路长:1 876.52;回路序列:6,7,12,9,8,11,10,5,13,3,2,4,1,6。

该程序所得最优路长:1 876.52;回路序列:5,13,3,2,4,1,6,7,12,9,8,11,10,5。

测试实例40:已知13个城市的横纵坐标依次为110 317 296 268 363 57 243 434 167 325 178 90 326 182 297 118 204 386 494 225 202 383 228 178 190 254,求其TSP回路。

其他方法(穷举法及第3章方法)已得最优路长:1 342.68;回路序列:9,11,5,1,13,

12,6,8,3,10,7,2,4,9。

该程序所得最优路长:1 342.68;回路序列:12,13,1,5,11,9,4,2,7,10,3,8,6,12。

测试实例41:已知 13 个城市的横纵坐标依次为 118 212 505 490 170 391 26 101 494 442 311 203 225 86 333 3 318 496 65 91 270 117 304 233 234 432,求其 TSP 回路。

其他方法(穷举法及第 3 章方法)已得最优路长:1 623.85;回路序列:4,1,3,13,9,2,5,12,6,11,8,7,10,4。

该程序所得最优路长:1 623.85;回路序列:3,13,9,2,5,12,6,11,8,7,10,4,1,3。

测试实例42:已知 14 个城市的横纵坐标依次为 264 333 472 250 461 27 394 307 85 410 465 5 283 268 447 169 34 102 137 339 76 384 36 166 331 394 314 250,求其 TSP 回路。

其他方法(第 3 章方法)已得最优路长:1 672.52;回路序列:1,10,5,11,12,9,6,3,8,2,4,13,14,7,1。

该程序所得最优路长:1 672.52;回路序列:1,7,14,13,4,2,8,3,6,9,12,11,5,10,1。

测试实例43:已知 15 个城市的横纵坐标依次为 271 285 451 257 468 96 180 422 114 497 134 103 85 375 368 508 51 311 132 166 494 159 305 479 191 16 309 199 306 290,求其 TSP 回路。

其他方法(第 3 章方法)已得最优路长:1 810.55;回路序列:1,14,2,11,3,13,6,10,9,7,5,4,12,8,15,1。

该程序所得最优路长:1 810.55;回路序列:15,1,14,2,11,3,13,6,10,9,7,5,4,12,8,15。

测试实例44:已知 16 个城市的横纵坐标依次为 277 454 293 15 294 147 164 291 365 169 355 190 151 183 27 339 113 233 152 401 441 429 169 465 269 284 277 379 12 487 35 418,求其 TSP 回路。

其他方法(第 3 章方法)已得最优回路长:1 786.07;回路序列:2,7,9,4,8,16,15,10,12,1,11,14,13,6,5,3,2。

该程序所得最优路长:1 819.10;回路序列:10,4,9,7,2,3,5,6,13,14,11,1,12,15,16,8,10。

测试实例45:已知 17 个城市的横纵坐标依次为 291 423 209 220 24 350 106 83 375 88 261 370 158 335 252 149 331 398 479 449 69 316 196 509 146 500 469 242 472 482 32 419 372 206,求其 TSP 回路。

其他方法(第 3 章方法)已得最优路长:1 890.36;回路序列:1,6,12,13,16,3,11,7,2,4,8,5,17,14,10,15,9,1。

该程序所得最优路长:1 890.36;回路序列:17,5,8,4,2,7,11,3,16,13,12,6,1,9,15,10,14,17。

测试实例 46:已知 18 个城市的横纵坐标依次为 301 44 273 394 323 456 201 60 266 139 307 509 402 336 152 88 496 184 113 458 259 26 483 121 156 76 140 20 269 311 288 60 310 485 110 442,求其 TSP 回路。

其他方法(第 3 章方法)已得最优路长:1 683.47;回路序列:1,12,9,7,3,17,6,10,18,2,15,5,8,13,14,4,11,16,1。

该程序所得最优路长:1 730.02;回路序列:10,2,17,6,3,7,9,12,1,16,11,4,14,13,8,5,15,18,10。

测试实例 47:已知 19 个城市的横纵坐标依次为 313 447 426 104 205 109 25 384 208 253 292 154 424 402 364 415 291 288 491 297 479 392 213 23 467 49 275 346 29 229 227 95 275 462 297 332 193 87,求其 TSP 回路。

其他方法(第 3 章方法)已得最优路长:1 897.82;回路序列:1,8,7,11,10,13,2,6,16,12,19,3,15,4,5,9,18,14,17,1。

该程序所得最优路长:1 913.75;回路序列:9,18,14,17,1,8,7,11,10,13,2,6,16,3,19,12,15,4,5,9。

测试实例 48:已知 20 个城市的横纵坐标依次为 105 199 337 150 421 78 124 377 231 365 116 382 320 167 399 274 20 201 371 25 50 229 366 35 392 123 51 112 309 108 329 242 230 66 372 60 300 85 121 397,求其 TSP 回路。

其他方法(第 3 章方法)已得最优路长:1 470.16;回路序列:1,4,6,20,5,8,16,7,2,13,3,10,12,18,15,19,17,14,9,11,1。

该程序所得最优路长:1 567.80;回路序列:14,1,9,11,4,6,20,5,8,16,7,2,15,19,12,10,18,3,13,17,14。

测试实例 49:已知 30 个城市的横纵坐标依次为 197 495 36 312 401 196 124 65 125 288 74 335 126 490 159 237 425 182 63 330 272 117 221 179 141 87 438 17 135 182 9 443 198 223 262 482 101 378 457 242 492 120 220 311 432 62 493 14 372 243 300 503 373 431 251 476 468 102 357 214,求其 TSP 回路。

其他方法(第 3 章方法)已得最优路长:2 232.78;回路序列:1,7,16,19,6,10,2,5,22,17,8,15,4,13,12,11,23,14,24,29,21,9,3,30,25,20,27,26,18,28,1。

该程序所得最优路长:2 345.32;回路序列:7,1,28,18,26,27,25,30,3,9,20,21,29,23,24,14,11,12,17,8,15,4,13,22,5,6,10,2,19,16,7。

测试实例 50:已知 40 个城市的横纵坐标依次为 235 237 331 22 469 462 123 251 0 23 326 422 229 152 130 196 495 454 439 0 77 117 57 251 343 256 233 58 246 48 188 479 197 61 264 250 342 292 436 324 72 181 77 17 168 421 30 77 65 486 85 82 345 429 68 358 375 352 203 433 189 453 264 126 102 205 328 406 509 46 98 384 467 63 114 382 80 75 288 273,求其 TSP 回路。

其他方法(第3章方法)已得最优路长:2 596.48;回路序列:16,25,38,36,28,12,4,8,33,21,11,26,39,24,5,22,17,14,15,2,10,35,37,32,7,1,18,40,13,19,29,20,9,3,27,6,34,30,23,31,16。

该程序所得最优路长:2 747.59;回路序列:1,18,40,13,19,20,29,34,6,27,3,9,30,16,31,23,25,38,36,28,12,4,33,8,21,11,26,39,24,5,22,17,14,15,2,10,35,37,32,7,1。

综上可知,本程序对于绝大多数小规模 TSP 实例(城市数不超过20)来说,能得出与穷举法等其他方法所得最优解相同或非常接近的解,对于较大规模实例也能得出与其他先进方法所得最优解较为接近的解(城市数越多,能量函数的极小值点越多,迭代越容易陷入局部极小值,这应该是导致解的质量随城市数的增大而下降的主要原因)。由于是在最邻近点贪婪法基础上的进一步优化,其总体求解质量应该比最邻近点贪婪法所得解更优。不过实测也发现,最终的最优结果并不一定由最近邻点贪婪法所得的最短初始回路迭代优化而得,而这就是本算法对最近邻点贪婪法所得的 n(城市数量)条初始回路都进行迭代优化(导致时间复杂度增加一个量级)的理由。作为对比,作者对50个实例均选取初始回路 $1,2,\cdots,n,1$(与最邻近点贪婪法所选回路无关,相当于改进前的随机赋初值),并用本节迭代子算法进行优化、整理,结果仅有 20 个实例(3、4、5、7、8、9、11、13、14、16、19、20、23、24、27、28、32、38、40、41)的相对优化率为 0,占总数的 40%,比例远低于前述完整迭代优化(84%)。

时间效率方面,由于是在立方量级的 n 次最邻近点贪婪法中嵌入成千上万步的神经网络迭代优化,本程序的运行速度显然介于贪婪法与穷举法($n!$级)之间。虽然本节改进算法的时间复杂度仍为立方量级,但其不可忽视的常系数(迭代步数)会导致其运行效率大幅降低,因此稍大规模实例运行所耗费的时间就使人难以接受,进而大规模 TSP 实例的解决必须另寻他法。

第 3 章　旅行商问题贪婪求解方法[31-55]

3.1　引言[31-44]

3.1.1　问题简述及研究意义

旅行商问题(TSP)是一个典型的组合优化问题,具有易描述难求解的特点,也是最优化领域研究的热点,且已成为许多优化算法的一个测试基准。用通俗的自然语言可描述为"有 n 个城市,各城市的坐标或相互间的距离已知,旅行商欲从某一城市出发,访问所有城市一次且仅一次,最终回到出发城市,请为其求得一种路程最短的访问次序"。用通俗的数学(图论)语言可描述为"对具有 n 个结点的带权连通图,求出一条最短哈密顿回路"。其在运筹与优化、计算机算法方面均有相应描述形式,在此不赘述。

在计算机算法领域,TSP 已被证明是 NP-hard 问题。目前没有找到能保证求出其精确最优解的多项式时间复杂度算法,已找到的能保证求出其精确最优解的算法主要是根据穷举、规划、限界等思想设计的,且时间复杂度均为指数量级以上,能解决问题实例的规模很小。因此对于稍大规模的 TSP,人们就不得不设计近似解法,以求接近最优解。

求解 TSP 的方法在理论上可以广泛应用于解决组合优化、物资分配、生产调度、网络布线、电气布线、通信调度、电子地图、交通诱导、运输路线优化、大型活动火炬传递线路规划、机器人控制、VLSI 芯片设计、电路板钻孔、X 光设备定位、天文望远镜计划、基因组图谱绘制、晶体结构分析、数据串聚类等现实问题。而这些实际问题的规模往往都比较庞大。

考虑 TSP 能在多个领域应用,许多学者从数学、计算机科学、人工智能、工业工程、管理科学、通信工程、电力电子、机械工程和生命科学等多个学科集中研究解决。TSP 的各类研究方法面临的发展前景越来越广阔,TSP 本身的应用范围也在不断扩展。不论从理论还是实际来讲,研究 TSP 所取得的每一步进展都有重大意义。

3.1.2　方法综述及问题提出

求解 TSP 的近似算法也可叫启发式算法,大致可分为传统构建型和现代智能型。构建型算法包括贪婪法、分块(段)法、插入法、最小生成树法、k-opt 局部搜索法和 Lin-Kemighan

局部搜索法等,其中最高效且能直接处理大规模 TSP 的主要是贪婪法,尤其是根据邻接矩阵改进后的贪婪法 GR-TDM[31-32],该法不仅高效,而且解的质量也有所提高。智能型算法主要是指根据自然界规律或原理设计的群体智能算法,如蚁群、遗传、免疫、模拟退火、禁忌搜索、神经网络、粒子群优化等,这些算法均为国外学者首创,并经国内学者引入改进后效果很好,用 TSPLIB 中的实例进行测试发现,所得解非常接近,甚至可达到当前最优解,其中最具代表性的就是蚁群算法的各种改进版本。但是这些群智能算法有一个共同的弱点,那就是因其较高的时空复杂度,所能处理的问题实例规模一般都较小,城市数量超过 2 000 时求解就变得缓慢、困难。

对于大规模的 TSP,美国 Rice 大学的 CRPC 研究小组于 1992 年解决了 3 038 个城市的问题,于 1998 年解决了美国 13 509 个城市组成的 TSP;Hisao Tamaki 于 2003 年发现了 TSPLIB 中 pla33810 问题的一个次优解;Keld Helsguan 于 2004 年发现了 pla85900 问题的一个次优解。上百万个城市的 TSP 也正在解决之中,有专家甚至已经为此准备好了全球 1 904 711 个城市的坐标。

对于大规模的 TSP,国内学者提出了一种基于蚁群算法的 TSP 问题分段求解算法[33]、求解 TSP 问题的多级归约算法[34]、求解 TSP 问题的并集搜索的新宏启发算法[35]、求旅行商问题近似解的碰撞算法[36]、基于分治法和分支限界法的大规模 TSP 算法[37]、求解大规模 TSP 问题的带导向信息素蚁群算法[38]、贪婪随机自适应灰狼优化算法求解 TSP 问题[39]、基于求解 TSP 问题的改进贪婪算法[31]等,除了改进贪婪法外,其余算法所给出的求解实例规模均不大,普遍没有超过 3 000(多级归约算法为 11 849),而且均面临对原问题的合理划分和合并问题,这将直接影响解的质量和求解效率。

改进后的贪婪法 GR-TDM 属于无需划分和合并原问题的直接方法,其时空复杂度相对较低,可以高效率地处理大规模 TSP,其所得解的质量虽然较好(用 TSPLIB 实例测试,结果的误差率在 10% 以下的优秀范围内),但还有较大的改进空间。

为此,作者尝试给出一种新的 TSP 贪婪求解方法,希望能以此为基础解决当前的单一群集智能优化算法,因较高的时空复杂度不能直接处理大规模 TSP,以及较大规模 TSP 所得解质量不高的问题。此外,也希望能解决已有的求解大规模 TSP 的分块算法、分段算法等,对具体实例来说划分、合并困难,所得解质量仍有提升空间,运行时间较长,所能处理的规模依然不大的问题。

3.2 基于哈密顿路径优化变换的旅行商问题贪婪求解方法[31-32,44]

3.2.1 方法简介

设计一个局部搜索变换集 C,能用于优化无向网 G 的哈密顿路径(非回路),也能用于

对 G 的任何子网中的哈密顿路径进行优化。此外,研制一种构建型贪婪方法 Z,能用于寻找 G 的较优 TSP 回路。该 Z 方法首先贪婪地寻找 G 中每个点与其最近邻接点间的较优哈密顿路径,经 C 变换优化后连接端点,得到一条候选 TSP 回路,其次选出全体候选回路的最优者,最后经 C 变换逐段优化后即得 TSP 的最终解。

3.2.2 方法详述

① 设计一个局部搜索变换集,以下总称 C 变换。该变换既能用于对带正权的无向图(网)G 中的任意两点 s 和 t 间的任意一条带权哈密顿路径(非回路,即起点 s 与终点 t 未直接连接)进行重连优化,使优化后的路径端点 s、t 不变,但长度(路径经过的边权之和)小于或等于优化前。该变换也能对 G 的任何子网中的哈密顿路径进行优化。该 C 变换(集)主要由回头子路重连、交叉边重连、内凸子路段(含单点段、多点段)重连等一系列子变换构成。

② 研制一种全新的贪婪方法,下称 Z 方法。该方法能用于寻找无向网 G 的一条较优 TSP 回路,大致思路如下:

第 1 步 取 G 中任意一点为起点 s,再选离其最近的邻接点为终点 t,用贪婪思想求出一条从 s 到 t 的较优哈密顿路径,再用前述 C 变换优化后直连 s 与 t,得到一条 TSP 回路;

第 2 步 将 G 中所有顶点都作为一次起点,重复第 1 步中办法寻找 TSP 回路;

第 3 步 从前述所有回路中选择长度最短者再用 C 变换分段优化后作为 G 的 TSP 解。

关于第 1 步中的贪婪思想,根据作者的研究比较,主要使用以下两种。

① 普通贪婪(最近邻接点贪婪):从起点 s 出发,找出 G 中除终点 t 外的 s 的最近邻接点 s_1,然后从 s_1 出发找出 G 中除 s、s_1、t 外的 s_1 的最近邻接点 s_2,……,依此类推,直到某个最近邻接点 s_i 之后,图中不存在满足条件的 s_i 的最近邻接点,则寻找过程结束。依次连接 $s,s_1,s_2,\cdots,s_i,t$ 即得一条用普通贪婪思想求得的从 s 到 t 的较优哈密顿路径。

② 类 KRUSKAL 贪婪(最短边贪婪):以起点 s 和终点 t 构成当前路径(只有 s 和 t 两个孤立点),按边长递增顺序选择不在当前路径上的最短边 (s_1,t_1),如果加入当前路径后不形成岔路(如果在当前路径上,s_1 或 t_1 已经依附了两条边,那么再加入边 (s_1,t_1) 就会形成岔路,因此必须舍去该边)和回路(如果 s_1 和 t_1 已经被多条边连通,那么再加入边 (s_1,t_1) 就会形成回路,因此也必须舍去该边),那么就将其加入。注意,始终不选择边 (s,t)。重复该过程,直至当前路径上加入了 $n-1$ 条边为止。即,此时 n 个点已被 $n-1$ 条边连通(n 为 G 的顶点数),所得路径即一条用类 KRUSKAL 贪婪思想求得的从 s 到 t 的较优哈密顿路径。

使用普通贪婪思想的 Z 方法,本书将其简称为 ZP 方法;使用类 KRUSKAL 贪婪思想的 Z 方法,本书将其简称为 ZK 方法。

3.2.3　效果测试

1) 对 C 变换的单独测试

为了解 C 变换的优化效果,作者随机生成了 32 个测试实例(城市数均在 3 000 以内,各城市由随机生成的二维非负整数坐标代表)进行对照测试。其中,有 10 个实例的城市(下称顶点)数均为 13(不妨编号为实例 1 到实例 10),对每个实例的 78 对顶点均由普通贪婪法求得较优哈密顿路径,再由 C 变换优化,结果表明,全部实例都能得到最优哈密顿路径(路径长度与穷举法所得最优路径长度相同),这 10 组原始坐标数据详见表 3-1,表中每行表示一个实例,依次为从第 1 到第 13 各点横纵坐标。

表 3-1　实例 1 到实例 10 原始坐标数据

编号	从第 1 到第 13 各点横纵坐标
1	102 90 479 345 329 510 122 428 438 257 274 402 358 158 449 71 245 265 213 311 37 490 395 259 268 15
2	24 218 340 491 71 337 354 7 364 185 240 299 286 139 471 22 353 274 311 88 416 182 224 114 406 386
3	257 188 166 180 208 448 485 337 71 66 265 424 175 182 227 460 297 148 372 381 60 497 108 218 247 107
4	451 219 316 176 215 246 383 81 59 359 3 60 298 336 491 101 182 427 171 76 448 174 20 34 460 146
5	62 490 293 254 258 178 48 466 83 97 305 467 447 99 147 170 136 325 201 451 295 93 135 465 9 472
6	82 116 51 218 326 431 485 127 345 200 432 222 8 59 31 322 416 412 35 222 381 250 27 495 475 443
7	91 322 258 480 370 417 292 315 437 285 28 342 128 247 297 115 19 106 433 35 363 85 123 220 469 474
8	99 32 326 22 471 34 318 265 6 434 149 459 221 420 18 330 179 120 147 203 299 4 347 311 118 492
9	110 317 296 268 363 57 243 434 167 325 178 90 326 182 297 118 204 386 494 225 202 383 228 178 190 254
10	118 212 505 490 170 391 26 101 494 442 311 203 225 86 333 3 318 496 65 91 270 117 304 233 234 432

另外 22 个实例(不妨编号为实例 11 到实例 32)的顶点数依次为 20、30、40、50、60、70、80、90、100、200、300、400、500、600、700、800、900、1 000、1 500、2 000、2 500、3 000,各自任意选取顶点对用 C 变换进行测试,最后的测试效果令人满意。各实例第 1 个和最后一个顶点间优化前后的路径对比图见图 3-1(优化前的哈密顿路径仍由普通贪婪法获得,图中长度均已四舍五入取整)。S 为路径起点,E 为路径终点,initial path length 表示初始路径长度,optimized path length 表示优化后的路径长度。各实例原始坐标及完整路径序列见"C 变换测试结果汇总.docx",需要的读者可联系作者。篇幅原因,这里仅列出顶点数在 200 以内的 10 个实例(见表 3-2)供对照。

n=20   initial path length=1 570

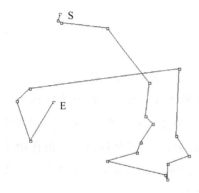

n=20   optimized path length=1 284

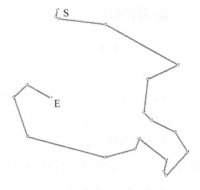

n=30   initial path length=2 502

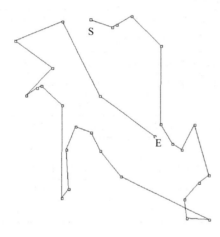

n=30   optimized path length=2 230

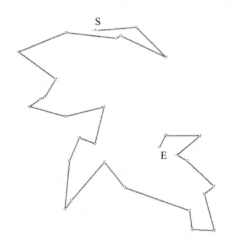

n=40   initial path length=3 405

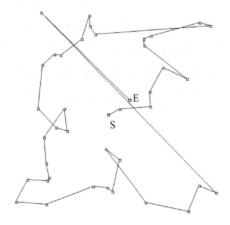

n=40   optimized path length=2 582

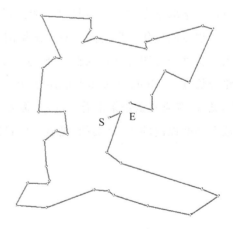

n=50　　　initial path length=4 017

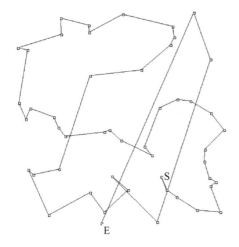

n=50　　　optimized path length=3 042

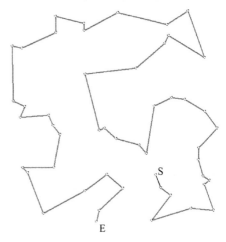

n=60　　　initial path length=3 477

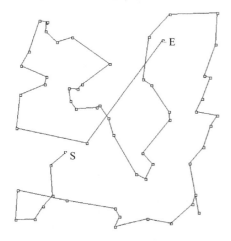

n=60　　　optimized path length=3 058

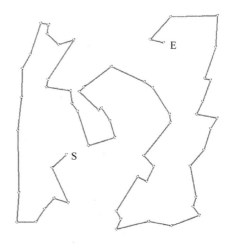

n=70　　　initial path length=4 028

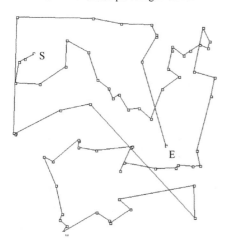

n=70　　　optimized path length=3 329

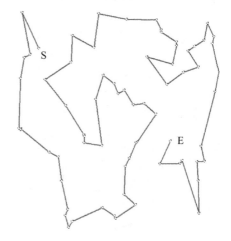

n=80　　initial path length=4 831

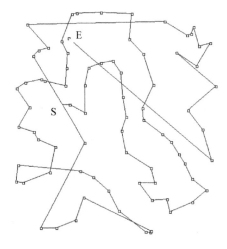

n=80　　optimized path length=3 769

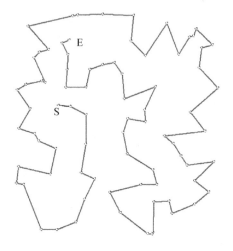

n=90　　initial path length=4 954

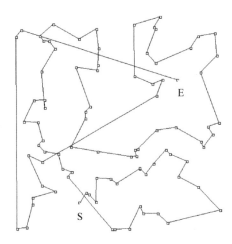

n=90　　optimized path length=3 877

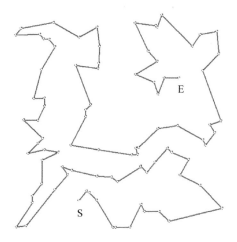

n=100　　initial path length=5 357

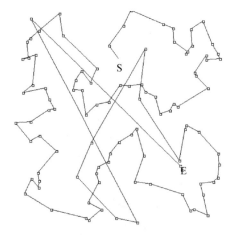

n=100　　optimized path length=3 927

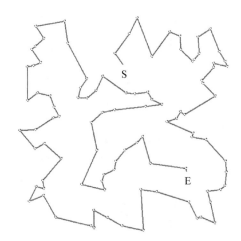

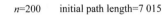

n=200　　initial path length=7 015

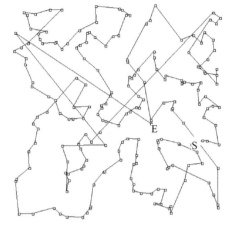

n=200　　optimized path length=5 286

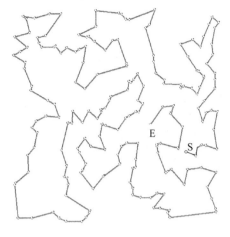

n=300　　initial path length=8 195

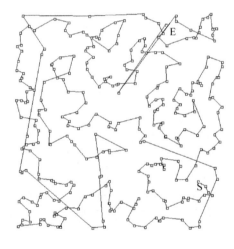

n=300　　optimized path length=6 781

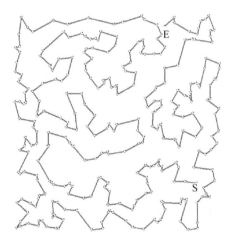

n=400　　initial path length=9 928

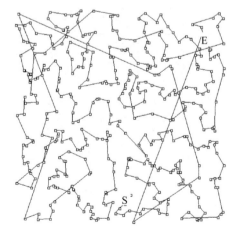

n=400　　optimized path length=7 777

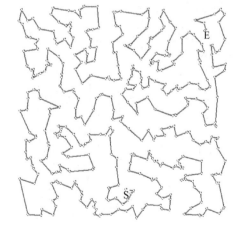

n=500　　initial path length=10 860

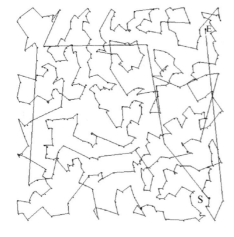

n=500　　optimized path length=8 778

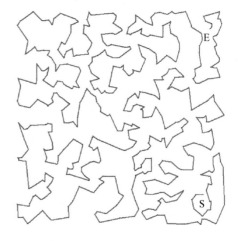

n=600　　initial path length=11 730

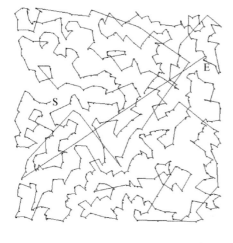

n=600　　optimized path length=9 736

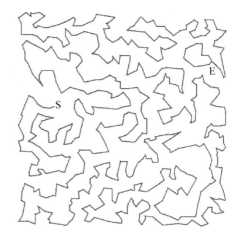

n=700　　initial path length=12 086

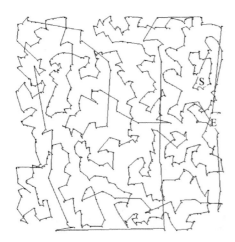

n=700　　optimized path length=10 048

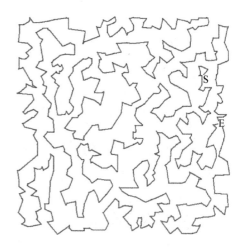

n=800　　initial path length=13 474

n=800　　optimized path length=10 946

n=900　　initial path length=14 364

n=900　　optimized path length=11 535

n=1 000　　initial path length=14 956

n=1 000　　optimized path length=12 105

n=1 500　　initial path length=18 778

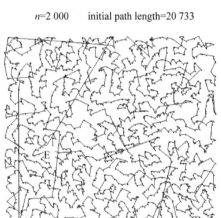

n=2 000　　initial path length=20 733

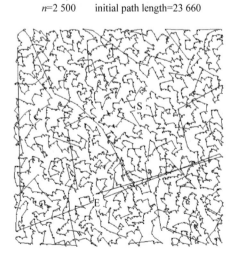

n=2 500　　initial path length=23 660

n=1 500　　optimized path length=15 042

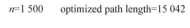
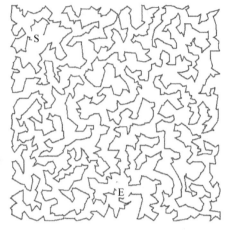

n=2 000　　optimized path length=17 162

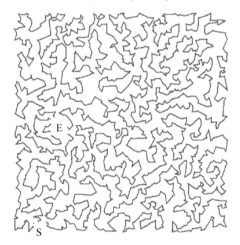

n=2 500　　optimized path length=19 233

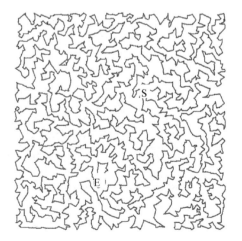

n=3 000　　initial path length=25 540

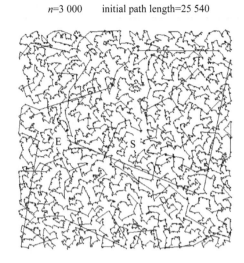

n=3 000　　optimized path length=21 002

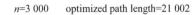
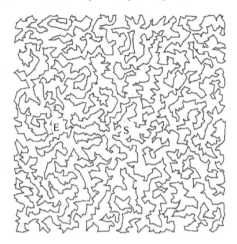

图 3-1　实例 11 到实例 32 中第 1 个和最后一个顶点间优化前后的路径对比图

表 3-2　实例 11 到实例 20 原始数据及 C 变换优化前后路径

实例号 （点数）	各实例从第 1 点至最大编号点的横纵坐标、普通贪婪法所得初始哈密顿路径、C 变换优化后路径
11 （20）	坐标：同 2.3.5 节 7）的测试实例 48，此处略。 初始路径长度：1 569.62；序列：1,14,9,11,8,13,3,18,10,12,17,19,15,2,7,16,5,4,6,20。 优化后路径长度：1 284.26；序列：1,11,9,14,17,19,15,18,12,10,3,13,2,7,16,8,5,4,6,20
12 （30）	坐标：同 2.3.5 节 7）的测试实例 49，此处略。 初始路径长度：2 502.44；路径序列：1,28,18,26,27,25,3,9,20,21,29,23,14,24,11,12,17,8,15,13,4,5,6,10,2,19,16,7,22,30。 优化后路径长度：2 230.29；路径序列：1,26,27,18,28,7,16,19,6,10,2,5,22,17,8,15,4,13,12,11,23,14,24,29,21,9,3,20,25,30
13 （40）	坐标：同 2.3.5 节 7）的测试实例 50，此处略。 初始路径长度：3 405.37；路径序列：1,18,13,19,29,20,34,6,27,3,9,30,31,16,23,38,36,28,12,33,8,4,21,11,26,39,24,5,22,17,14,15,32,7,2,10,37,35,25,40。 优化后路径长度：2 582.09；路径序列：1,18,7,32,37,35,10,2,15,14,17,22,5,24,39,26,11,21,33,8,4,12,28,36,38,25,16,31,23,30,34,6,27,3,9,20,29,19,13,40

实例号 （点数）	各实例从第1点至最大编号点的横纵坐标、普通贪婪法所得初始哈密顿路径、C变换优化后路径
14 （50）	坐标：356 112 474 109 463 177 229 224 181 74 29 129 3 421 181 354 394 63 92 255 41 117 23 250 490 99 477 393 235 113 315 184 478 264 105 130 501 27 510 224 262 501 179 458 436 505 369 81 120 209 258 199 333 163 428 293 216 219 27 416 216 27 462 148 178 475 110 453 477 89 79 20 275 80 379 428 6 289 388 446 103 230 384 472 34 276 109 492 396 297 352 277 346 3 444 32 307 368 209 0。 初始路径长度：4 016.97；路径序列：1,24,9,48,19,35,13,2,32,3,20,17,28,45,46,16,27,26,4,29,25,41,10,43,12,39,30,7,34,44,33,22,21,42,40,38,49,8,18,11,6,36,5,31,37,15,47,14,23,50。 优化后路径长度：3 041.91；路径序列：1,24,9,47,48,19,35,13,2,32,3,20,17,28,45,46,27,16,26,4,29,8,49,38,40,14,23,42,21,22,33,44,34,30,7,39,43,12,10,41,25,18,6,11,36,5,15,37,31,50
15 （60）	坐标：369 442 484 242 88 463 342 337 434 154 464 305 148 300 27 315 239 260 218 290 469 359 456 39 306 129 386 503 115 438 496 432 176 339 92 485 500 266 322 351 29 383 242 387 255 49 266 30 62 24 483 355 139 68 500 506 187 202 73 488 86 339 16 23 48 416 90 357 144 330 18 237 384 275 328 118 211 285 467 192 105 79 100 150 82 54 21 92 336 450 386 256 333 25 389 14 90 483 152 449 448 81 251 221 441 59 161 282 345 153 255 6 321 178 449 275 165 328 135 181。 初始路径长度：3 476.73；路径序列：1,29,36,8,31,34,21,33,30,18,49,3,15,50,22,17,59,35,7,54,39,10,9,52,13,38,55,57,46,37,4,20,45,14,28,16,11,26,6,58,19,2,40,5,12,51,53,48,47,56,24,23,27,44,32,25,43,41,42,60。 优化后路径长度：3 058.02；路径序列：1,45,14,28,16,11,26,6,58,19,2,40,5,51,53,12,48,47,56,24,23,13,38,55,57,46,37,4,20,22,17,59,39,10,9,52,29,54,7,35,31,34,50,15,3,49,18,30,33,21,8,36,44,32,25,43,41,27,42,60
16 （70）	坐标：380 206 267 80 463 158 412 368 344 269 486 451 267 326 322 404 498 366 138 392 395 439 17 235 39 410 315 294 448 380 197 304 243 30 455 194 141 17 130 45 354 152 270 146 213 49 242 341 450 36 445 157 75 351 423 418 20 509 85 180 395 430 193 426 448 112 107 169 357 462 204 506 132 3 299 204 371 339 482 435 169 220 280 166 489 322 16 354 115 112 272 493 170 217 246 24 215 361 141 454 404 153 169 202 357 467 295 56 25 403 470 483 385 387 345 491 12 236 289 291 212 195 124 31 439 429 462 443 252 317 16 233 296 202 409 160 125 289 60 424。 初始路径长度：4 028.39；路径序列：1,8,35,53,58,46,36,29,59,66,12,69,16,25,33,2,54,48,17,23,37,19,62,20,45,30,34,41,47,52,61,38,67,22,42,21,51,68,26,3,18,43,9,15,56,6,40,64,63,28,11,31,57,4,39,5,14,60,7,65,24,49,32,50,10,27,44,55,13,70。 优化后路径长度：3 329.41；路径序列：1,21,51,68,25,33,26,3,18,43,9,40,6,56,64,63,28,15,4,39,8,57,31,11,35,53,58,46,36,32,50,10,27,69,41,47,52,61,16,49,24,65,7,60,14,5,38,67,42,22,2,54,48,17,23,19,37,62,20,45,34,30,12,66,59,44,55,13,29,70

实例号 （点数）	各实例从第1点至最大编号点的横纵坐标、普通贪婪法所得初始哈密顿路径、C变换优化后路径
17 （80）	坐标：140 451 189 383 142 297 428 284 261 51 56 410 449 387 321 262 406 182 168 143 384 49 47 291 279 269 494 340 278 187 420 161 463 240 319 289 83 352 481 440 42 483 436 461 95 140 484 169 438 71 266 372 219 394 337 1 91 429 180 342 310 116 156 29 472 99 293 508 75 356 372 490 377 78 339 150 57 234 366 229 20 246 137 417 123 444 236 98 67 217 108 199 69 423 73 11 219 511 326 2 287 449 321 415 426 458 148 507 442 477 160 509 110 11 455 433 271 315 37 348 16 335 345 343 438 125 179 209 31 116 14 119 387 211 180 278 135 382 132 341 348 116 200 129 400 418 247 399 341 76 176 82 19 157 339 4 268 237 114 299。 初始路径长度：4 831.45；路径序列：1,24,17,4,14,73,7,20,58,55,22,53,36,21,29,47,6,64,48,57, 32,76,78,28,50,5,44,72,10,77,66,65,23,46,45,39,41,12,61,60,35,19,70,69,42,43,54,56,49, 34,51,52,62,18,8,40,67,9,16,63,33,25,11,37,75,31,71,38,15,79,13,59,26,74,27,2,30,68, 3,80。 优化后路径长度：3 769.38；路径序列：1,43,42,69,70,30,2,27,74,26,59,62,18,8,13,79,15,38,71, 31,44,5,50,28,78,75,37,11,25,33,63,24,16,9,67,40,17,4,14,7,58,20,55,22,53,73,36,52,51, 34,49,56,54,21,29,47,6,19,35,60,61,12,41,39,45,46,23,77,66,65,48,57,32,76,72,10,64,68, 3,80
18 （90）	坐标：403 357 342 347 151 387 86 449 209 432 479 246 436 433 350 397 506 255 96 489 75 290 203 478 427 163 328 421 455 102 118 145 45 60 108 180 131 126 296 488 207 392 367 357 462 210 177 88 141 137 385 180 297 366 310 147 496 468 67 377 205 380 455 461 48 308 4 459 361 507 45 76 406 126 302 175 298 190 509 47 288 174 248 1 501 415 238 121 352 319 345 157 242 1 100 91 159 454 59 202 325 132 74 186 63 461 491 227 23 257 284 2 352 237 202 66 468 197 319 39 187 293 68 105 175 265 399 244 461 375 253 110 100 431 310 145 305 192 69 161 311 56 184 84 70 213 203 123 58 256 72 450 17 475 139 197 206 186 346 482 350 478 6 2 355 39 375 190 34 177 175 281 379 16 74 309 30 5 159 65。 初始路径长度：4 953.80；路径序列：1,77,34,82,89,17,36,48,62,85,70,45,22,2,27,20,35,80,81, 14,8,7,32,29,43,65,9,6,54,59,23,64,57,69,39,38,41,79,78,63,86,61,3,31,21,5,12,49,10,53, 76,4,67,30,11,88,33,55,75,73,50,52,18,16,25,19,47,42,56,71,60,83,87,40,15,37,13,26,84, 46,51,28,68,66,44,74,58,72,24,90。 优化后路径长度：3 876.94；路径序列：1,22,45,2,27,8,14,20,80,81,35,7,32,29,43,65,9,6,54,59, 23,64,57,69,39,38,41,79,78,63,86,61,3,31,21,5,12,49,10,77,34,53,76,4,67,30,33,88,11,75, 55,73,50,85,52,18,70,62,36,17,82,89,48,19,16,25,74,44,66,68,28,51,46,84,26,13,37,15,40, 87,83,60,71,56,42,47,58,72,24,90

实例号 （点数）	各实例从第 1 点至最大编号点的横纵坐标、普通贪婪法所得初始哈密顿路径、C 变换优化后路径
19 （100）	坐标：410 141 42 490 508 395 336 98 492 103 151 344 404 281 437 465 104 176 62 461 315 334 237 170 59 124 503 113 99 276 120 450 234 292 22 314 85 273 216 37 415 74 77 325 289 215 21 394 444 38 205 372 467 73 385 272 176 17 167 320 479 325 183 54 262 332 368 477 475 403 478 24 184 12 36 397 361 264 302 229 191 196 325 316 112 502 428 412 489 430 61 89 393 467 304 6 233 150 3 243 435 35 425 237 422 228 252 17 325 419 408 153 467 484 26 75 32 435 475 393 189 338 321 165 289 510 166 366 91 37 235 426 210 102 460 99 424 407 259 197 349 305 62 105 43 110 270 473 446 362 204 286 208 138 394 288 54 404 41 443 504 170 145 321 506 144 46 332 203 123 440 426 40 200 87 298 456 222 309 300 503 407 395 435 154 115 63 212 41 245 283 330 298 103 177 262 449 355 259 393。 初始路径长度：5 356.80；路径序列：1,2,48,54,93,41,55,90,56,53,52,89,81,83,14,5,68,27,36,25, 51,21,4,97,62,40,23,70,12,49,77,85,67,32,20,37,29,65,58,73,46,72,13,9,94,87,50,95,19, 15,88,22,18,84,79,24,38,59,80,10,43,16,26,61,64,6,82,30,98,76,17,33,96,11,42,71,39,28, 78,7,31,99,75,35,60,3,91,45,57,8,86,69,44,92,47,34,63,74,66,100。 优化后路径长度：3 926.68；路径序列：1,56,62,40,23,70,12,49,77,85,67,93,41,98,76,17,90,71, 42,11,96,33,26,61,30,82,6,64,16,43,2,10,80,59,79,38,24,18,84,22,88,15,19,95,50,87,94,9, 13,72,73,58,46,65,29,37,32,20,54,48,97,4,21,51,25,36,27,68,5,14,83,81,89,53,52,39,28, 78,7,31,99,75,60,35,3,91,45,57,8,86,44,69,92,47,34,55,63,74,66,100

实例号 （点数）	各实例从第 1 点至最大编号点的横纵坐标、普通贪婪法所得初始哈密顿路径、C 变换优化后路径
20 （200）	坐标：441 187 326 467 3 446 306 357 172 384 277 251 472 292 500 343 225 175 103 424 63 431 499 467 492 56 336 475 112 11 51 181 406 179 52 491 223 112 339 59 190 183 438 176 188 28 295 82 377 119 492 493 185 268 386 29 117 407 206 250 267 500 79 449 413 331 491 428 171 126 221 111 505 176 346 386 470 446 118 174 206 356 490 269 468 242 46 228 5 95 153 410 503 120 502 32 457 274 319 285 477 263 237 294 363 190 135 91 240 302 244 437 387 12 285 339 302 266 382 23 338 235 32 489 294 66 418 229 357 167 212 207 313 60 369 277 373 68 408 177 35 161 129 65 396 280 17 411 179 13 454 308 100 422 163 167 215 271 158 178 267 183 286 487 470 351 295 130 453 179 178 140 471 348 465 186 43 317 290 336 161 451 45 327 146 267 307 293 413 428 258 439 168 2 97 25 280 191 414 323 346 400 464 131 199 435 101 284 500 322 125 110 389 261 170 240 131 420 176 321 88 501 443 439 374 342 178 423 180 445 307 190 132 107 185 447 506 266 144 239 202 509 29 385 59 444 3 90 45 11 458 363 58 216 129 3 0 402 500 358 176 202 277 488 226 233 260 503 203 471 372 333 480 85 462 421 497 223 461 325 218 236 258 162 196 81 478 381 34 421 476 185 352 358 321 327 354 187 27 370 226 414 258 223 440 322 301 132 37 121 112 253 286 256 166 119 454 364 302 151 263 140 494 403 362 34 134 239 69 421 309 265 56 244 509 480 40 456 422 91 162 416 288 96 226 275 216 265 355 70 153 337 297 344 381 122 451 159 131 136 280 376 346 35 279 381 503 25 80 256 117 501 391 127 484 476 349 511 391 264 11 11 282 318 84 293 430 127 431 398 420 327 187 24 355 182 24 495 338 227。 初始路长：7 015.33；路径：1,22,85,88,146,37,139,43,51,42,119,7,49,76,140,153,196,100,33, 113,136,147,38,101,4,177,90,58,192,94,50,166,59,157,6,152,133,141,30,174,79,173,52,55, 41,5,46,171,114,115,118,103,151,56,96,132,82,31,134,121,135,91,109,29,10,77,165,11,123, 32,169,62,199,18,111,186,145,74,129,122,150,92,89,193,104,156,164,120,108,27,93,110, 176,185,167,44,127,16,71,155,45,124,191,125,98,15,128,97,75,197,23,143,36,19,161,142, 81,99,116,160,154,84,172,24,63,67,20,175,69,163,182,60,28,57,170,194,102,179,70,17,53, 149,198,65,178,25,187,137,13,48,184,47,64,107,190,73,68,61,148,181,183,2,14,189,95,112, 138,39,34,162,144,126,159,83,87,8,130,105,195,188,12,168,26,66,21,131,80,78,86,35,158, 117,106,54,72,180,40,9,3,200。 优化路长：5 285.72；路径：1,22,179,85,88,146,37,139,119,42,51,43,49,7,105,8,130,144,162,34, 12,168,26,188,39,138,112,95,195,159,126,83,87,140,76,153,196,100,33,136,113,147,38,101, 2,14,189,82,132,31,134,121,135,91,115,118,103,151,56,96,183,181,41,110,176,5,114,171, 46,109,29,10,77,165,11,123,32,186,111,18,199,62,169,3,145,74,129,122,150,92,89,193,104, 156,185,167,44,127,16,71,155,45,124,191,125,98,15,128,97,75,197,23,72,54,117,106,180, 40,164,120,93,108,27,30,174,79,173,52,55,192,58,90,177,4,148,94,50,166,59,157,6,152, 133,141,66,9,21,131,80,78,86,35,158,143,36,19,161,142,81,99,116,160,154,84,172,24,63, 67,20,175,69,182,163,28,60,57,184,48,13,137,47,102,194,170,187,178,25,65,198,149,53,17, 70,64,107,190,73,68,61,200

2) 对 C 变换和 Z 方法的联合测试

贪婪法是公认的求 TSP 近似最优解的最快方法,因此本研究主要测试求解质量。为了解 C 变换和 Z 方法联合用于求解 TSP 的效果,作者继续选取前述顶点数为 20～3 000 之间的 22 个测试实例,并与求解 TSP 的普通贪婪法、类 KRUSKAL 贪婪法、GR-TDM 改进贪婪法[31]进行了对照测试,结果分别如表 3-3 和表 3-4 所示。为了直观简洁对比,表 3-3 及表 3-4 只列出了各种方法所获得的最优路径长度,各实例原始坐标及完整路径序列见"TSP 测试数据及结果汇总 1.docx"和"TSP 测试数据及结果汇总 2.docx",需要的读者可联系作者。篇幅原因,这里仅列出顶点数在 200 以内的 10 个实例(如表 3-5 及表 3-6 所示,而且其中省去了与表 3-2 重复的各城市坐标)供对照。

为便于表格的理解,此处对表中各方法的大致思路简要介绍。

① 普通贪婪法＋二选变换法(不妨记为 GR-P-2OPT):每个点都作为一次出发点,贪婪地、深度优先地走向当前点还没有走过的最近邻接点,直至走完全部点后回到出发点,从而得到一条较优回路。从这些回路中选出一条最短回路,再由二选变换反复优化处理,得到更优回路。

② 基于哈密顿优化路径的普通贪婪法＋C 变换法(不妨记为 GR-ZP-C):每个点作为一次起点,其最近邻接点作为终点,首先用①类似的普通贪婪策略贪婪地走完包含其他全部点的简单路径,然后到达最初所选终点,得到一条较优哈密顿路径;其次经 C 变换优化这条哈密顿路径后直连起点与终点,得到一条备选回路;最后从所有备选回路中选优,得到更优回路。

③ 类 KRUSKAL 贪婪法＋二选变换法(不妨记为 GR-K-2OPT):用求最小生成树的 KRUSKAL 法类似的方法,按边长递增顺序求出一条较优回路,再由二选变换反复优化处理,从而得到更优回路。

④ 基于哈密顿优化路径的类 KRUSKAL 贪婪法＋C 变换法(不妨记为 GR-ZK-C):每个点作为一次起点,其最近邻接点作为终点,按与③类似的边长递增顺序贪婪地加入该起点与终点之外的全部点,从而得到一条哈密顿简单路径;其次经 C 变换优化后直连起点与终点,得到一条备选回路;最后从所有备选回路中选优,得到更优回路。

⑤ 基于 TDM 的类 KRUSKAL 改进贪婪法＋二选变换法(不妨记为 GR-TDM-K-2OPT):α 按步长 0.01 从 0 变化到 1,逐一改造邻接矩阵,同时用与③类似的 KRUSKAL 贪婪法求出对应备选回路,然后从不同 α 值对应备选回路中选出最优者,再由二选变换反复优化处理,得到更优回路。

从表 3-3 可以发现,在均未用 C 变换进行逐段优化的情况下,利用 Z 方法经 C 变换配合前期优化所得结果,优于经传统二选变换(2-OPT)优化后普通贪婪法、类 KRUSKAL 贪婪法、GR-TDM 改进贪婪法所得结果。而两种 Z 方法所得结果,基于类 KRUSKAL 贪婪法获得初始哈密顿路径并经 C 变换优化所得 TSP 回路,总体优于基于普通贪婪法获得初始哈密顿路径并经 C 变换优化所得 TSP 回路,而且顶点数越多,GR-ZK-C 的优势就越明显。

从表 3-4 可以发现,如果 5 种方法所得结果均再用 C 变换进行逐段优化,则两种 Z 方法所得结果优化幅度极小或没有优化,原因应该是在求初始回路时已用 C 变换进行了充分优化,而其余 3 种方法所得结果则优化幅度较大,不过优化后的结果仍总体不如 Z 方法所得结果。而且 GR-ZP-C 与 GR-ZK-C 比较,后者继续保持优势。由实测可知,对于 Z 方法所得结果,若再用传统二选变换进一步优化,结论是可想而知的,那就是不起作用。

总之,实测表明:C 变换是有效的,且优于传统二选变换;Z 方法是有效的,且优于表中所列的其余 3 种目前公认的贪婪法,哪怕这 3 种方法所得回路相继使用二选变换和 C 变换进一步优化,结论也是如此。

表 3-3　不同方法处理 TSP 同一测试实例所得最短回路长度对照(未用 C 变换逐段优化)

测试文件名 及点数 (TXT 文件)	普通贪婪法+ 二选变换法 (GR-P-2OPT)	自创 ZP 法+ 自创 C 变换法 (GR-ZP-C)	类 KRUSKAL 法+ 二选变换法 (GR-K-2OPT)	自创 ZK 法+ 自创 C 变换法 (GR-ZK-C)	TDM-KRUSKAL 法+ 二选变换法 (GR-TDM-K-2OPT)
TSPTEST20	1 567.80	<u>1 470.16</u>	1 536.32	<u>1 470.16</u>	1 472.22
TSPTEST30	2 286.42	<u>2 232.58</u>	2 290.69	2 232.78	2 289.71
TSPTEST40	2 827.25	<u>2 596.48</u>	2 904.89	<u>2 596.48</u>	2 605.57
TSPTEST50	3 255.41	<u>3 098.71</u>	3 192.15	3 107.93	3 144.64
TSPTEST60	3 140.41	<u>3 105.01</u>	<u>3 105.01</u>	<u>3 105.01</u>	<u>3 105.01</u>
TSPTEST70	3 530.84	3 322.59	3 457.14	<u>3 307.62</u>	3 425.57
TSPTEST80	3 989.82	<u>3 810.49</u>	3 990.58	<u>3 810.49</u>	4 022.11
TSPTEST90	4 101.09	<u>3 861.56</u>	4 019.78	3 886.62	3 936.83
TSPTEST100	4 360.11	<u>3 924.53</u>	4 113.96	<u>3 924.53</u>	4 056.85
TSPTEST200	5 676.48	5 304.53	5 641.67	<u>5 387.66</u>	5 526.17
TSPTEST300	6 995.39	<u>6 693.93</u>	7 049.37	6 702.07	6 996.84
TSPTEST400	8 291.56	7 764.03	8 092.23	<u>7 730.99</u>	8 044.48
TSPTEST500	9 132.16	8 627.46	9 080.95	<u>8 563.67</u>	8 998.71
TSPTEST600	10 134.20	9 558.15	9 989.32	<u>9 525.47</u>	9 889.08
TSPTEST700	10 490.20	9 892.26	10 211.50	<u>9 880.50</u>	10 229.30
TSPTEST800	11 417.80	10 835.50	11 315.50	<u>10 791.30</u>	11 079.20
TSPTEST900	12 082.60	11 523.20	11 950.40	<u>11 431.00</u>	11 868.30
TSPTEST1000	12 458.90	11 950.50	12 478.50	<u>11 907.50</u>	12 336.70
TSPTEST1500	15 834.60	14 965.80	15 456.30	<u>14 776.20</u>	15 356.70
TSPTEST2000	18 059.50	17 119.10	17 697.60	<u>17 063.00</u>	17 541.90
TSPTEST2500	20 092.50	19 047.20	19 518.40	<u>18 854.10</u>	19 491.70
TSPTEST3000	21 755.80	20 973.30	21 598.30	<u>20 732.10</u>	21 550.70

注:表中标有下画线的数据为所在行最好结果。

表 3-4 不同方法处理 TSP 同一测试实例所得最短回路长度对照（已用 C 变换逐段优化）

测试文件名 及点数 （TXT 文件）	普通贪婪法＋ 二选变换法 （GR-P-2OPT）	自创 ZP 法＋ 自创 C 变换法 （GR-ZP-C）	类 KRUSKAL 法＋ 二选变换法 （GR-K-2OPT）	自创 ZK 法＋ 自创 C 变换法 （GR-ZK-C）	TDM-KRUSKAL 法＋ 二选变换法 （GR-TDM-K-2OPT）
TSPTEST20	1 470.16*	1 470.16	1 470.16*	1 470.16	1 470.16*
TSPTEST30	2 245.81*	2 232.58	2 245.66*	2 232.78	2 232.78*
TSPTEST40	2 596.48*	2 596.48	2 596.48*	2 596.48	2 596.48*
TSPTEST50	3 107.93*	3 098.71	3 141.59	3 107.93	3 137.74*
TSPTEST60	3 140.41	3 105.01	3 105.01	3 105.01	3 105.01
TSPTEST70	3 307.98*	3 307.98*	3 375.17	3 307.62	3 383.13*
TSPTEST80	3 796.64*	3 810.49	3 819.30*	3 810.49	3 839.25*
TSPTEST90	3 911.54*	3 861.56	3 928.97*	3 886.62	3 898.94*
TSPTEST100	3 932.86*	3 924.53	3 947.21*	3 924.53	3 997.64*
TSPTEST200	5 461.62*	5 304.53	5 357.92*	5 385.66	5 411.37*
TSPTEST300	6 797.61*	6 675.75*	6 845.46*	6 702.07	6 759.14*
TSPTEST400	7 918.43*	7 764.03	7 849.40	7 726.60*	7 843.39*
TSPTEST500	8 825.85*	8 627.46*	8 729.36*	8 563.67	8 760.77*
TSPTEST600	9 821.43*	9 477.48*	9 718.15*	9 520.83*	9 637.03*
TSPTEST700	10 035.50*	9 892.26	9 916.74*	9 880.50	10 055.00*
TSPTEST800	10 924.40*	10 812.00*	10 953.70*	10 785.40*	10 899.10*
TSPTEST900	11 600.86*	11 491.69*	11 521.42*	11 430.22	11 584.17*
TSPTEST1000	11 969.08*	11 938.70*	12 052.66*	11 907.51	12 071.93*
TSPTEST1500	15 228.28*	14 947.36*	14 900.74*	14 760.60*	15 067.34*
TSPTEST2000	17 244.16*	17 042.95*	17 159.20*	17 012.29*	17 168.53*
TSPTEST2500	19 216.10*	18 999.94*	18 996.08*	18 835.10*	19 046.01*
TSPTEST3000	21 040.09*	20 931.03*	20 861.92*	20 715.69*	21 046.55*

注：表中标有下画线的数据为所在行最好结果；标有符号"＊"的数据为利用 C 变换对表 3-3 相应回路逐段优化后所得的更好结果。

表 3-5 实例 11 到实例 20 使用不同方法处理所得最短回路对照（未用 C 变换逐段优化）

实例号 （点数）	①GR-P-2OPT、②GR-ZP-C、③GR-K-2OPT、④GR-ZK-C、⑤GR-TDM-K-2OPT 对应的最优处理结果
11 （20）	① 所得回路长度：1 567.80；回路序列：13,3,18,10,12,19,15,2,7,16,8,5,20,6,4,11,9,1,14,17,13。 ② 所得回路长度：1 470.16；回路序列：1,4,6,20,5,8,16,7,2,13,3,10,12,18,15,19,17,14,9,11,1。 ③ 所得回路长度：1 536.32；回路序列：11,1,6,20,4,5,16,8,13,3,10,12,18,2,7,15,19,17,14,9,11。 ④ 所得回路长度：1 470.16；回路序列：1,4,6,20,5,8,16,7,2,13,3,10,12,18,15,19,17,14,9,11,1。 ⑤ 所得回路长度：1 472.22；回路序列：11,1,4,6,20,5,8,16,7,2,13,3,18,10,12,15,19,17,14,9,11

实例号（点数）	①GR-P-2OPT、②GR-ZP-C、③GR-K-2OPT、④GR-ZK-C、⑤GR-TDM-K-2OPT 对应的最优处理结果
12 (30)	① 所得回路长度：2 286.42；回路序列：25,30,3,9,20,21,29,24,14,23,11,4,13,15,12,17,8,5,2,10, 6,19,16,7,1,28,18,26,27,22,25。 ② 所得回路长度：2 232.58；回路序列：1,7,16,19,6,10,2,5,22,17,8,15,4,13,12,11,23,14,24,29, 21,20,9,3,30,25,27,26,18,28,1。 ③ 所得回路长度：2 290.69；回路序列：28,1,7,16,19,6,10,2,5,22,8,15,4,13,17,12,11,14,24,23, 29,21,20,9,3,30,25,27,26,18,28。 ④ 所得回路长度：2 232.78；回路序列：1,7,16,19,6,10,2,5,22,17,8,15,4,13,12,11,23,14,24,29, 21,9,3,30,25,20,27,26,18,28,1。 ⑤ 所得回路长度：2 289.71；回路序列：7,1,28,18,26,27,22,17,12,30,25,20,3,9,21,29,24,14,23, 11,13,4,15,8,5,2,10,6,19,16,7
13 (40)	① 所得回路长度：2 827.25；回路序列：13,19,40,18,1,7,32,15,14,17,22,5,24,39,26,11,21,33,8, 4,12,28,36,38,25,23,16,31,30,34,6,27,3,9,29,20,37,35,10,2,13。 ② 所得回路长度：2 596.48；回路序列：2,10,35,37,32,7,1,18,40,13,19,29,20,9,3,27,6,34,30,23, 31,16,25,38,36,28,12,4,8,33,21,11,26,39,24,5,22,17,14,15,2。 ③ 所得回路长度：2 904.89；回路序列：18,30,31,16,23,25,38,36,28,12,4,8,33,21,11,26,39,24,5, 22,17,14,15,7,1,32,2,10,35,37,20,9,3,27,6,34,29,19,13,40,18。 ④ 所得回路长度：2 596.48；回路序列：2,10,35,37,32,7,1,18,40,13,19,29,20,9,3,27,6,34,30,23, 31,16,25,38,36,28,12,4,8,33,21,11,26,39,24,5,22,17,14,15,2。 ⑤ 所得回路长度：2 605.57；回路序列：18,1,7,32,37,35,10,2,15,14,17,22,5,24,39,26,11,21,33, 8,4,12,28,36,38,25,23,16,31,30,34,6,27,3,9,20,29,19,13,40,18
14 (50)	① 所得回路长度：3 255.41；回路序列：29,15,37,47,50,31,5,36,11,6,18,25,41,10,12,43,39,7,30, 34,44,33,22,21,23,14,42,40,38,49,46,45,28,17,20,3,32,2,13,35,19,48,9,24,1,27,16,26,4, 8,29。 ② 所得回路长度：3 098.71；回路序列：6,18,25,41,10,12,43,39,7,30,34,44,33,22,21,8,49,38,40, 42,23,14,46,45,28,17,20,3,32,2,13,35,19,48,47,9,24,1,27,16,26,4,29,15,37,31,50,5,36, 11,6。 ③ 所得回路长度：3 192.15；回路序列：24,47,37,15,5,31,50,36,11,6,18,25,41,10,12,43,39,7,30, 34,44,33,22,21,8,29,4,26,16,27,1,46,49,38,40,42,23,14,45,28,17,20,3,32,2,13,35,19,48, 9,24。 ④ 所得回路长度：3 107.93；回路序列：8,34,44,30,7,39,43,12,10,41,25,18,6,11,36,5,50,31,37, 15,29,4,26,16,27,1,24,9,47,48,19,35,13,2,32,3,20,17,28,45,46,49,38,40,14,23,42,21,33, 22,8。 ⑤ 所得回路长度：3 144.64；回路序列：24,1,47,37,15,5,31,50,36,11,6,18,25,41,10,12,43,39,7, 30,34,44,33,22,21,38,40,42,23,14,49,8,29,4,26,16,27,46,45,28,17,20,3,32,2,13,35,19,48, 9,24

实例号 （点数）	①GR-P-2OPT、②GR-ZP-C、③GR-K-2OPT、④GR-ZK-C、⑤GR-TDM-K-2OPT 对应的最优处理结果
15 （60）	① 所得回路长度：3 140.40；回路序列：29,60,42,44,32,25,43,41,27,23,24,56,47,48,12,53,51,5,40,2,19,58,6,26,11,16,28,14,1,45,20,4,37,46,57,55,38,13,52,9,10,39,54,7,35,59,17,22,50,15,3,49,18,30,33,21,34,31,8,36,29。 ② 所得回路长度：3 105.01；回路序列：1,14,28,16,11,26,6,58,19,2,40,5,51,53,12,48,47,56,24,23,13,38,55,57,46,37,4,20,22,17,59,35,7,54,39,10,9,52,29,60,42,27,41,43,25,32,44,36,8,31,34,21,33,30,18,49,3,15,50,45,1。 ③ 所得回路长度：3 105.01；回路序列：45,1,14,28,16,11,26,6,58,19,2,40,5,51,53,12,48,47,56,24,23,13,38,55,57,46,37,4,20,22,17,59,35,7,54,39,10,9,52,29,60,42,27,41,43,25,32,44,36,8,31,34,21,33,30,18,49,3,15,50,45。 ④ 所得回路长度：3 105.01；回路序列：1,14,28,16,11,26,6,58,19,2,40,5,51,53,12,48,47,56,24,23,13,38,55,57,46,37,4,20,22,17,59,35,7,54,39,10,9,52,29,60,42,27,41,43,25,32,44,36,8,31,34,21,33,30,18,49,3,15,50,45,1。 ⑤ 所得回路长度：3 105.01；回路序列：45,1,14,28,16,11,26,6,58,19,2,40,5,51,53,12,48,47,56,24,23,13,38,55,57,46,37,4,20,22,17,59,35,7,54,39,10,9,52,29,60,42,27,41,43,25,32,44,36,8,31,34,21,33,30,18,49,3,15,50,45
16 （70）	① 所得回路长度：3 530.84；回路序列：50,29,70,13,55,44,27,10,32,36,46,58,53,35,8,39,57,4,15,28,31,11,63,64,56,6,40,9,43,5,14,60,7,65,24,49,16,69,41,47,52,61,22,42,67,38,1,21,51,68,18,3,26,33,25,54,2,17,48,23,19,37,62,20,45,34,30,12,66,59,50。 ② 所得回路长度：3 322.59；回路序列：2,17,48,23,19,37,62,20,45,34,30,12,66,59,44,55,13,29,70,27,10,50,32,36,46,58,53,35,11,31,28,63,64,56,6,40,9,43,15,4,57,8,39,5,14,60,7,65,24,49,16,69,41,47,52,61,22,42,67,38,1,21,51,68,18,3,26,33,25,54,2。 ③ 所得回路长度：3 457.14；回路序列：21,14,60,7,65,24,49,16,69,41,47,52,61,38,67,42,22,2,54,48,17,23,19,37,62,20,45,34,30,66,12,59,44,27,10,70,13,55,29,50,32,36,46,58,53,35,11,31,28,63,64,56,6,40,9,43,15,4,57,8,39,5,1,18,3,26,33,25,68,51,21。 ④ 所得回路长度：3 307.62；回路序列：27,59,12,66,30,34,45,20,62,37,19,23,48,17,2,54,25,33,26,3,18,68,51,21,1,38,67,42,22,61,52,47,41,69,16,49,24,65,7,60,14,5,39,8,57,4,15,43,9,40,6,56,64,63,28,31,11,35,53,58,46,36,32,10,50,29,70,13,55,44,27。 ⑤ 所得回路长度：3 425.57；回路序列：21,38,67,42,22,2,54,48,17,23,19,37,62,20,45,34,30,66,59,12,69,41,47,52,61,16,65,7,24,49,32,10,27,44,55,13,70,29,50,36,46,58,53,35,11,31,28,63,56,6,40,64,15,9,43,4,57,8,39,14,60,5,1,18,3,26,33,25,68,51,21

续　表

实例号 （点数）	①GR-P-2OPT、②GR-ZP-C、③GR-K-2OPT、④GR-ZK-C、⑤GR-TDM-K-2OPT 对应的最优处理结果
17 （80）	① 所得回路长度：3 989.82；回路序列：73,62,59,64,23,46,80,3,68,30,2,27,74,26,52,51,34,49,56,54,21,6,47,29,43,1,42,69,70,19,35,60,61,12,41,39,45,77,66,65,48,57,32,76,10,72,44,5,50,28,78,11,25,33,63,37,75,31,71,38,15,79,13,18,8,40,67,9,16,24,17,4,14,7,58,20,55,22,53,36,73。 ② 所得回路长度：3 810.49；回路序列：5,50,28,78,75,37,11,25,33,63,24,16,9,67,40,17,4,14,7,58,20,55,22,53,73,36,52,51,34,49,56,54,21,6,47,29,43,1,42,69,19,35,60,61,12,41,39,45,46,23,77,66,65,48,57,32,76,72,10,64,68,3,80,70,30,2,27,74,26,59,62,18,8,13,79,15,38,71,31,44,5。 ③ 所得回路长度：3 990.58；回路序列：43,1,27,74,26,59,18,8,13,79,15,38,71,31,5,50,28,78,75,37,11,25,33,63,16,9,67,40,24,17,4,14,7,58,20,55,22,53,36,73,62,52,51,34,49,56,54,21,29,47,6,19,35,60,61,12,41,39,45,46,23,77,66,65,48,57,32,76,44,72,10,64,68,30,2,3,80,70,69,42,43。 ④ 所得回路长度：3 810.49；回路序列：7,14,4,17,40,67,9,16,24,63,33,25,11,37,75,78,28,50,5,44,31,71,38,15,79,13,8,18,62,59,26,74,27,2,30,70,80,3,68,64,10,72,76,32,57,48,65,66,77,23,46,45,39,41,12,61,60,35,19,69,42,1,43,29,47,6,21,54,56,49,34,51,52,36,73,53,22,55,20,58,7。 ⑤ 所得回路长度：4 022.11；回路序列：43,42,69,2,27,74,51,52,73,62,18,8,40,67,38,71,31,15,72,10,64,79,13,59,26,30,68,3,80,70,19,35,60,61,12,41,39,45,46,23,77,66,65,48,57,32,76,44,5,50,28,78,75,37,11,25,33,63,16,9,24,17,4,14,7,58,20,55,22,53,36,34,49,56,54,1,21,6,47,29,43
18 （90）	① 所得回路长度：4 101.09；回路序列：73,50,85,70,52,18,78,25,19,16,62,36,17,82,89,48,90,24,72,74,58,47,42,56,71,60,83,87,40,15,37,13,26,84,46,51,28,68,66,44,41,38,39,69,57,64,23,59,54,6,9,65,43,29,32,7,1,22,45,2,27,8,14,81,80,35,20,12,5,21,31,3,49,67,4,76,53,10,77,34,30,88,33,55,75,11,61,86,63,79,73。 ② 所得回路长度：3 861.56；回路序列：7,35,81,80,20,12,5,21,31,3,49,10,77,34,53,76,4,67,30,33,88,11,75,55,73,50,85,70,52,18,78,16,25,19,48,62,36,17,82,89,90,24,72,58,47,42,56,71,60,83,87,40,15,37,13,59,23,54,9,6,64,57,84,26,46,51,68,28,38,69,39,41,66,44,74,79,63,86,61,27,14,8,2,45,22,1,65,43,29,32,7。 ③ 所得回路长度：4 019.78；回路序列：22,1,7,32,29,43,65,9,6,54,59,23,64,57,69,39,41,38,28,68,51,46,84,26,13,37,15,40,87,83,60,71,56,42,47,58,66,44,74,72,24,90,89,82,17,36,62,48,19,25,16,18,70,85,52,50,73,78,79,63,86,61,3,88,11,75,55,33,30,67,4,76,53,34,77,10,49,31,21,5,12,20,35,80,81,14,8,27,2,45,22。 ④ 所得回路长度：3 886.62；回路序列：12,20,35,80,81,14,8,27,2,45,22,1,7,32,29,43,65,9,6,54,59,23,64,57,69,39,41,38,28,68,51,46,84,26,13,37,15,40,87,83,60,71,56,42,47,58,90,24,72,74,44,66,79,61,86,63,78,18,16,25,19,48,89,82,17,36,62,70,85,52,50,73,55,75,11,88,33,30,67,4,76,53,34,77,10,49,3,31,21,5,12。 ⑤ 所得回路长度：3 936.83；回路序列：22,45,64,57,84,26,46,69,39,41,38,28,68,51,66,44,74,25,19,16,18,78,79,63,86,61,3,31,21,5,12,49,10,77,34,53,76,4,67,30,33,88,11,75,55,73,50,52,85,70,62,36,17,82,89,48,90,24,72,58,47,42,56,71,60,83,87,40,15,37,13,59,23,54,9,6,1,65,43,29,32,7,35,81,80,20,14,8,27,2,22

实例号 （点数）	①GR-P-2OPT、②GR-ZP-C、③GR-K-2OPT、④GR-ZK-C、⑤GR-TDM-K-2OPT 对应的**最优**处理结果
19 （100）	① 所得回路长度：4 360.11；回路序列：100,74,63,34,47,92,69,44,86,8,57,45,91,3,35,60,75,99,31,7,78,28,39,71,42,90,11,55,96,33,17,76,98,41,93,85,77,49,12,70,23,40,62,1,56,53,52,89,81,83,14,5,68,27,36,25,51,21,4,97,48,54,20,67,32,37,29,65,58,73,46,72,13,9,94,87,50,95,19,15,88,22,84,18,24,38,79,82,30,6,64,61,26,16,43,10,80,59,2,66,100。 ② 所得回路长度：3 924.53；回路序列：73,13,9,94,87,50,95,19,15,88,22,84,18,24,38,79,59,80,10,2,43,16,64,6,82,30,61,26,100,66,74,63,55,34,47,92,69,44,86,8,57,45,91,3,35,60,75,99,31,89,81,83,14,5,68,27,36,25,51,21,1,56,53,52,7,78,28,39,71,90,42,11,96,33,17,76,98,41,93,67,85,77,49,12,70,23,40,62,97,4,48,54,20,32,37,29,65,58,46,72,73。 ③ 所得回路长度：4 113.96；回路序列：56,81,83,14,5,68,27,36,25,51,21,1,62,40,23,70,12,49,67,85,77,41,98,76,17,33,96,11,42,90,71,39,28,78,7,52,53,89,31,99,75,60,35,3,91,45,57,8,86,44,69,92,47,34,55,63,74,66,100,26,61,30,82,6,64,16,43,2,10,80,59,24,38,79,22,88,15,19,84,18,50,95,87,94,9,93,13,73,72,46,58,65,29,37,32,20,54,48,97,4,56。 ④ 所得回路长度：3 924.53；回路序列：2,43,16,64,6,82,30,61,26,100,66,74,63,55,34,47,92,69,44,86,8,57,45,91,3,35,60,75,99,31,89,81,83,14,5,68,27,36,25,51,21,1,56,53,52,7,78,28,39,71,90,42,11,96,33,17,76,98,41,93,67,85,77,49,12,70,23,40,62,97,4,48,54,20,32,37,29,65,58,46,72,73,13,9,94,87,50,95,19,15,88,22,84,18,24,38,79,59,80,10,2。 ⑤ 所得回路长度：4 056.85；回路序列：68,1,56,62,97,4,48,54,20,32,37,29,65,46,72,58,73,13,9,94,87,50,95,19,15,88,22,84,18,24,38,79,59,80,10,2,43,16,64,6,82,30,61,26,33,96,90,17,76,98,41,93,67,85,77,49,12,70,23,40,39,71,42,11,55,100,66,74,63,34,47,92,69,44,86,8,57,45,91,3,35,60,75,99,31,7,78,28,52,53,89,81,83,14,5,27,36,25,51,21,68
20 （200）	① 所得回路长度：5 676.48；回路序列：199,62,18,111,186,32,123,11,165,77,10,29,109,91,135,121,134,31,132,82,96,56,151,103,118,115,114,171,46,5,176,110,41,55,52,173,79,174,30,131,21,78,80,40,180,106,117,54,72,158,35,86,9,66,141,133,152,6,157,59,166,200,61,50,94,192,58,181,183,2,14,189,26,168,12,188,39,34,162,138,112,95,195,144,159,126,83,87,130,8,105,42,119,139,146,37,47,137,13,48,184,170,194,102,179,22,1,85,88,43,51,49,7,76,140,153,196,100,33,136,113,147,38,101,4,177,90,148,68,73,190,107,64,53,149,198,65,17,70,187,178,25,69,28,57,60,163,182,175,20,67,63,24,172,84,154,160,116,99,81,142,161,19,36,143,23,197,75,97,128,15,98,125,191,124,45,155,71,16,127,44,167,185,156,164,120,108,27,93,104,193,89,92,150,122,129,74,145,3,169,199。

实例号 （点数）	①GR-P-2OPT、②GR-ZP-C、③GR-K-2OPT、④GR-ZK-C、⑤GR-TDM-K-2OPT 对应的最优处理结果
20 （200）	② 所得回路长度：5 304.53；回路序列：121,134,31,132,82,189,14,2,101,38,147,113,136,33,100,196,153,76,140,87,83,126,159,195,95,112,138,39,188,26,168,12,34,162,144,130,8,105,7,49,43,51,42,119,139,37,146,88,85,179,22,1,70,17,64,107,190,73,68,61,200,53,149,198,65,25,178,187,170,194,102,47,137,13,48,184,57,60,28,163,182,69,175,20,67,63,24,172,84,154,160,116,99,81,142,161,19,36,143,158,35,86,9,66,131,21,78,80,40,180,106,117,54,72,23,197,75,97,128,15,98,125,191,124,45,155,71,16,127,44,167,185,156,164,120,108,27,93,104,193,89,92,150,122,129,74,145,3,169,199,62,18,111,186,32,123,11,165,77,10,29,109,46,171,5,176,110,41,55,52,173,79,174,30,141,133,152,6,157,59,166,50,94,148,192,58,90,177,4,181,183,96,56,151,103,114,91,115,118,135,121。 ③ 所得回路长度：5 641.67；回路序列：22,1,85,88,146,37,139,119,42,51,43,49,7,105,8,130,144,159,126,83,87,140,76,153,196,100,33,136,113,147,38,101,95,112,39,138,195,162,34,12,168,26,188,189,14,2,82,132,31,134,121,135,103,118,115,91,114,171,46,109,29,10,77,165,11,123,32,186,111,18,62,199,169,3,145,74,129,122,150,92,89,193,104,185,167,44,127,16,71,155,45,124,191,125,106,180,40,156,93,164,120,108,27,110,176,5,41,151,56,96,183,181,4,177,90,58,192,55,52,173,79,174,30,141,133,66,21,131,80,78,86,35,158,117,54,72,98,15,128,97,75,197,23,143,36,19,9,152,6,157,59,166,50,94,148,61,200,68,73,190,107,64,70,17,53,149,198,65,116,99,81,142,161,160,154,84,172,24,63,67,20,175,182,163,57,60,28,69,25,178,187,170,184,48,13,137,47,102,194,179,22。 ④ 所得回路长度：5 387.66；回路序列：40,180,106,117,54,72,158,35,86,19,36,143,23,197,75,97,128,15,98,125,191,124,45,155,71,16,127,44,167,185,156,164,120,108,93,104,193,89,92,150,122,129,74,145,3,169,199,62,18,111,186,32,123,11,165,77,10,29,109,46,171,114,91,115,118,103,135,121,134,31,132,82,2,14,189,95,195,138,112,39,188,26,168,12,34,162,144,159,126,83,87,130,8,105,119,42,51,43,139,37,146,88,85,1,70,17,22,179,102,47,137,13,48,184,170,194,187,178,25,175,69,28,60,57,163,182,20,67,63,24,172,84,154,160,161,142,81,99,116,65,198,149,53,200,61,68,73,190,107,64,49,7,76,140,153,196,100,33,136,113,147,38,101,4,181,183,96,56,151,41,5,176,110,27,30,174,79,173,52,55,192,58,90,177,148,94,50,166,59,157,6,152,133,141,66,9,21,131,78,80,40。 ⑤ 所得回路长度：5 526.17；回路序列：22,1,64,107,190,73,100,196,33,136,113,147,38,101,4,181,183,96,56,151,103,5,176,110,41,55,52,173,79,174,133,141,30,27,108,93,156,164,120,40,80,78,21,131,66,9,142,161,19,36,143,158,35,86,180,106,117,54,72,23,197,75,97,128,15,98,125,191,124,45,155,71,16,127,44,167,185,104,193,89,92,150,122,129,74,145,165,11,123,169,3,199,62,18,111,186,32,77,10,29,109,46,171,114,91,115,118,135,121,134,31,132,82,2,14,189,95,195,138,112,39,188,26,168,12,34,162,144,130,8,105,87,83,126,159,140,153,76,7,49,43,51,42,119,139,37,146,88,85,179,102,47,137,13,48,184,170,194,187,178,25,175,69,28,57,60,163,182,20,67,63,24,172,84,154,160,116,99,81,152,6,157,59,166,192,58,90,177,148,94,50,68,61,200,53,149,198,65,17,70,22

表 3-6　实例 11 到实例 20 使用不同方法处理所得最短回路对照（已用 C 变换逐段优化）

实例号 （点数）	①GR-P-2OPT、②GR-ZP-C、③GR-K-2OPT、④GR-ZK-C、⑤GR-TDM-K-2OPT 对应的最优处理结果
11 （20）	① 所得回路长度:1 470.16;回路序列:8,5,20,6,4,1,11,9,14,17,19,15,18,12,10,3,13,2,7,16,8。 ② 所得回路长度:1 470.16;回路序列:3,10,12,18,15,19,17,14,9,11,1,4,6,20,5,8,16,7,2,13,3。 ③ 所得回路长度:1 470.16;回路序列:10,12,18,15,19,17,14,9,11,1,4,6,20,5,8,16,7,2,13,3,10。 ④ 所得回路长度:1 470.16;回路序列:3,10,12,18,15,19,17,14,9,11,1,4,6,20,5,8,16,7,2,13,3。 ⑤ 所得回路长度:1 470.16;回路序列:13,3,10,12,18,15,19,17,14,9,11,1,4,6,20,5,8,16,7,2,13
12 （30）	① 所得回路长度:2 245.81;回路序列:17,8,22,5,2,10,6,19,16,7,1,28,18,26,27,25,30,3,9,20,21,29,24,14,23,11,4,13,15,12,17。 ② 所得回路长度:2 232.58;回路序列:11,23,14,24,29,21,20,9,3,30,25,27,26,18,28,1,7,16,19,6,10,2,5,22,17,8,15,4,13,12,11。 ③ 所得回路长度:2 245.66;回路序列:12,15,4,13,11,23,14,24,29,21,20,9,3,30,25,27,26,18,28,1,7,16,19,6,10,2,5,22,8,17,12。 ④ 所得回路长度:2 232.78;回路序列:11,23,14,24,29,21,9,3,30,25,20,27,26,18,28,1,7,16,19,6,10,2,5,22,17,8,15,4,13,12,11。 ⑤ 所得回路长度:2 232.78;回路序列:29,24,14,23,11,12,13,4,15,8,17,22,5,2,10,6,19,16,7,1,28,18,26,27,20,25,30,3,9,21,29
13 （40）	① 所得回路长度:2 596.48;回路序列:12,28,36,38,25,16,31,23,30,34,6,27,3,9,20,29,19,13,40,18,1,7,32,37,35,10,2,15,14,17,22,5,24,39,26,11,21,33,8,4,12。 ② 所得回路长度:2 596.48;回路序列:31,16,25,38,36,28,12,4,8,33,21,11,26,39,24,5,22,17,14,15,2,10,35,37,32,7,1,18,40,13,19,29,20,9,3,27,6,34,30,23,31。 ③ 所得回路长度:2 596.48;回路序列:17,14,15,2,10,35,37,32,7,1,18,40,13,19,29,20,9,3,27,6,34,30,23,31,16,25,38,36,28,12,4,8,33,21,11,26,39,24,5,22,17。 ④ 所得回路长度:2 596.48;回路序列:31,16,25,38,36,28,12,4,8,33,21,11,26,39,24,5,22,17,14,15,2,10,35,37,32,7,1,18,40,13,19,29,20,9,3,27,6,34,30,23,31。 ⑤ 所得回路长度:2 596.48;回路序列:4,12,28,36,38,25,16,31,23,30,34,6,27,3,9,20,29,19,13,40,18,1,7,32,37,35,10,2,15,14,17,22,5,24,39,26,11,21,33,8,4

续 表

实例号 （点数）	①GR-P-2OPT、②GR-ZP-C、③GR-K-2OPT、④GR-ZK-C、⑤GR-TDM-K-2OPT 对应的最优处理结果
14 （50）	① 所得回路长度：3 107.93；回路序列：14,40,38,49,46,45,28,17,20,3,32,2,13,35,19,48,47,9,24,1,27,16,26,4,29,15,37,31,50,5,36,11,6,18,25,41,10,12,43,39,7,30,44,34,8,22,33,21,42,23,14。 ② 所得回路长度：3 098.71；回路序列：17,20,3,32,2,13,35,19,48,47,9,24,1,27,16,26,4,29,15,37,31,50,5,36,11,6,18,25,41,10,12,43,39,7,30,34,44,33,22,21,8,49,38,40,42,23,14,46,45,28,17。 ③ 所得回路长度：3 141.59；回路序列：29,4,26,16,27,46,49,38,40,42,23,14,45,28,17,20,3,32,2,13,35,19,48,47,9,24,1,37,15,5,31,50,36,11,6,18,25,41,10,12,43,39,7,30,34,44,33,22,21,8,29。 ④ 所得回路长度：3 107.93；回路序列：1,24,9,47,48,19,35,13,2,32,3,20,17,28,45,46,49,38,40,14,23,42,21,33,22,8,34,44,30,7,39,43,12,10,41,25,18,6,11,36,5,50,31,37,15,29,4,26,16,27,1。 ⑤ 所得回路长度：3 137.74；回路序列：38,40,42,23,14,49,8,29,4,26,16,27,46,45,28,17,20,3,32,2,13,35,19,48,47,9,24,1,37,15,5,31,50,36,11,6,18,25,41,10,12,43,39,7,30,34,44,33,22,21,38
15 （60）	① 所得回路长度：3 140.41；回路序列：20,4,37,46,57,55,38,13,52,9,10,39,54,7,35,59,17,22,50,15,3,49,18,30,33,21,34,31,8,36,29,60,42,44,32,25,43,41,27,23,24,56,47,48,12,53,51,5,40,2,19,58,6,26,11,16,28,14,1,45,20。 ② 所得回路长度：3 105.01；回路序列：59,35,7,54,39,10,9,52,29,60,42,27,41,43,25,32,44,36,8,31,34,21,33,30,18,49,3,15,50,45,1,14,28,16,11,26,6,58,19,2,40,5,51,53,12,48,47,56,24,23,13,38,55,57,46,37,4,20,22,17,59。 ③ 所得回路长度：3 105.01；回路序列：17,59,35,7,54,39,10,9,52,29,60,42,27,41,43,25,32,44,36,8,31,34,21,33,30,18,49,3,15,50,45,1,14,28,16,11,26,6,58,19,2,40,5,51,53,12,48,47,56,24,23,13,38,55,57,46,37,4,20,22,17。 ④ 所得回路长度：3 105.01；回路序列：59,35,7,54,39,10,9,52,29,60,42,27,41,43,25,32,44,36,8,31,34,21,33,30,18,49,3,15,50,45,1,14,28,16,11,26,6,58,19,2,40,5,51,53,12,48,47,56,24,23,13,38,55,57,46,37,4,20,22,17,59。 ⑤ 所得回路长度：3 105.01；回路序列：17,59,35,7,54,39,10,9,52,29,60,42,27,41,43,25,32,44,36,8,31,34,21,33,30,18,49,3,15,50,45,1,14,28,16,11,26,6,58,19,2,40,5,51,53,12,48,47,56,24,23,13,38,55,57,46,37,4,20,22,17

实例号（点数）	①GR-P-2OPT、②GR-ZP-C、③GR-K-2OPT、④GR-ZK-C、⑤GR-TDM-K-2OPT 对应的最优处理结果
16（70）	① 所得回路长度：3 307.98；回路序列：49,16,69,41,47,52,61,22,42,67,38,1,21,51,68,18,3,26,33,25,54,2,17,48,23,19,37,62,20,45,34,30,12,66,59,27,44,55,13,70,29,50,10,32,36,46,58,53,35,11,31,28,63,64,56,6,40,9,43,15,4,57,8,39,5,14,60,7,65,24,49。 ② 所得回路长度：3 307.98；回路序列：40,9,43,15,4,57,8,39,5,14,60,7,65,24,49,16,69,41,47,52,61,22,42,67,38,1,21,51,68,18,3,26,33,25,54,2,17,48,23,19,37,62,20,45,34,30,12,66,59,27,44,55,13,70,29,50,10,32,36,46,58,53,35,11,31,28,63,64,56,6,40。 ③ 所得回路长度：3 375.17；回路序列：70,29,13,55,44,27,59,12,66,30,34,45,20,62,37,19,23,17,48,54,2,22,42,67,38,61,52,47,41,69,16,49,24,65,7,60,14,5,1,21,51,68,25,33,26,3,18,43,9,40,6,56,64,63,28,15,4,39,8,57,31,11,35,53,58,46,36,32,50,10,70。 ④ 所得回路长度：3 307.62；回路序列：49,24,65,7,60,14,5,39,8,57,4,15,43,9,40,6,56,64,63,28,31,11,35,53,58,46,36,32,10,50,29,70,13,55,44,27,59,12,66,30,34,45,20,62,37,19,23,48,17,2,54,25,33,26,3,18,68,51,21,1,38,67,42,22,61,52,47,41,69,16,49。 ⑤ 所得回路长度：3 383.13；回路序列：13,70,29,50,36,46,58,53,35,11,31,28,63,64,56,6,40,9,43,15,4,57,8,39,14,60,5,1,18,3,26,33,25,68,51,21,38,67,42,22,2,54,48,17,23,19,37,62,20,45,34,30,66,59,12,69,41,47,52,61,16,65,7,24,49,32,10,27,44,55,13
17（80）	① 所得回路长度：3 796.64；回路序列：48,57,32,76,10,72,44,5,50,28,78,11,37,75,31,71,38,15,79,64,68,3,80,70,30,2,27,74,26,59,13,18,8,40,67,9,16,63,25,33,24,17,4,14,7,58,20,55,22,53,36,73,62,52,51,34,49,56,54,21,6,47,29,43,1,42,69,19,35,60,61,12,41,39,45,46,23,77,66,65,48。 ② 所得回路长度：3 810.49；回路序列：19,35,60,61,12,41,39,45,46,23,77,66,65,48,57,32,76,72,10,64,68,3,80,70,30,2,27,74,26,59,62,18,8,13,79,15,38,71,31,44,5,50,28,78,75,37,11,25,33,63,24,16,9,67,40,17,4,14,7,58,20,55,22,53,73,36,52,51,34,49,56,54,21,6,47,29,43,1,42,69,19。 ③ 所得回路长度：3 819.30；回路序列：62,52,51,34,49,56,54,21,6,47,29,43,1,42,69,19,35,60,61,12,41,39,45,46,23,77,66,65,48,57,32,76,72,10,64,68,3,80,70,30,2,27,74,26,59,18,8,13,79,15,38,71,31,44,5,50,28,78,75,37,11,25,33,63,24,16,9,67,40,17,4,14,7,58,20,55,22,53,36,73,62。 ④ 所得回路长度：3 810.49；回路序列：10,72,76,32,57,48,65,66,77,23,46,45,39,41,12,61,60,35,19,69,42,1,43,29,47,6,21,54,56,49,34,51,52,36,73,53,22,55,20,58,7,14,4,17,40,67,9,16,24,63,33,25,11,37,75,78,28,50,5,44,31,71,38,15,79,13,8,18,62,59,26,74,27,2,30,70,80,3,68,64,10。 ⑤ 所得回路长度：3 839.25；回路序列：77,66,65,48,57,32,76,5,50,28,78,75,37,11,25,33,63,24,16,9,67,40,17,4,14,7,58,20,55,22,53,73,36,52,51,34,49,56,54,21,6,47,29,43,1,42,69,70,30,2,27,74,26,59,62,18,8,13,79,15,38,71,31,44,72,10,64,68,3,80,19,35,60,61,12,41,39,45,46,23,77

续 表

实例号（点数）	①GR-P-2OPT、②GR-ZP-C、③GR-K-2OPT、④GR-ZK-C、⑤GR-TDM-K-2OPT 对应的最优处理结果
18 （90）	① 所得回路长度：3 911.54；回路序列：64,23,59,54,6,9,65,43,29,32,7,1,22,45,2,27,8,14,81,80,35,20,12,49,5,21,31,3,67,4,10,76,53,77,34,30,33,88,11,75,55,73,50,85,70,52,18,78,63,86,61,79,44,66,74,25,16,19,48,62,36,17,82,89,90,24,72,58,47,42,56,71,60,83,87,40,15,37,13,26,84,46,51,68,28,38,41,39,69,57,64。 ② 所得回路长度：3 861.56；回路序列：42,56,71,60,83,87,40,15,37,13,59,23,54,9,6,64,57,84,26,46,51,68,28,38,69,39,41,66,44,74,79,63,86,61,27,14,8,2,45,22,1,65,43,29,32,7,35,81,80,20,12,5,21,31,3,49,10,77,34,53,76,4,67,30,33,88,11,75,55,73,50,85,70,52,18,78,16,25,19,48,62,36,17,82,89,90,24,72,58,47,42。 ③ 所得回路长度：3 928.97；回路序列：36,62,48,19,25,16,70,85,50,73,52,18,78,79,63,86,61,88,11,75,55,33,30,67,4,76,53,34,77,10,49,3,31,21,5,12,20,35,80,81,14,8,27,2,45,22,1,7,32,29,43,65,9,6,54,59,23,64,57,69,39,41,38,28,68,51,46,84,26,13,37,15,40,87,83,60,71,56,42,47,58,66,44,74,72,24,90,89,82,17,36。 ④ 所得回路长度：3 886.62；回路序列：58,90,24,72,74,44,66,79,61,86,63,78,18,16,25,19,48,89,82,17,36,62,70,85,52,50,73,55,75,11,88,33,30,67,4,76,53,34,77,10,49,3,31,21,5,12,20,35,80,81,14,8,27,2,45,22,1,7,32,29,43,65,9,6,54,59,23,64,57,69,39,41,38,28,68,51,46,84,26,13,37,15,40,87,83,60,71,56,42,47,58。 ⑤ 所得回路长度：3 898.94；回路序列：73,50,52,85,70,62,36,17,82,89,48,90,24,72,58,47,42,56,71,60,83,87,40,15,37,13,59,23,54,6,9,65,43,29,32,7,35,81,80,20,14,8,27,2,22,1,45,64,57,84,26,46,51,68,28,38,69,39,41,66,44,74,25,19,16,18,78,79,63,86,61,3,31,21,5,12,49,10,77,34,53,76,4,67,30,33,88,11,75,55,73

实例号 （点数）	①GR-P-2OPT、②GR-ZP-C、③GR-K-2OPT、④GR-ZK-C、⑤GR-TDM-K-2OPT 对应的最优处理结果
19 （100）	① 所得回路长度：3 932.86；回路序列：14,5,68,27,36,25,51,21,4,97,48,54,20,32,37,29,65,58,46,72,73,13,9,94,87,50,95,19,15,88,22,84,18,24,38,79,59,80,10,2,43,16,64,6,82,30,61,26,100,66,74,63,55,34,47,92,69,44,86,8,57,45,91,3,35,60,75,99,31,7,78,28,39,71,42,90,11,96,33,17,76,98,41,93,67,85,77,49,12,70,23,40,62,1,56,53,52,89,81,83,14。 ② 所得回路长度：3 924.53；回路序列：81,83,14,5,68,27,36,25,51,21,1,56,53,52,7,78,28,39,71,90,42,11,96,33,17,76,98,41,93,67,85,77,49,12,70,23,40,62,97,4,48,54,20,32,37,29,65,58,46,72,73,13,9,94,87,50,95,19,15,88,22,84,18,24,38,79,59,80,10,2,43,16,64,6,82,30,61,26,100,66,74,63,55,34,47,92,69,44,86,8,57,45,91,3,35,60,75,99,31,89,81。 ③ 所得回路长度：3 947.21；回路序列：69,92,47,34,55,63,74,66,100,26,61,30,82,6,64,16,43,2,10,80,59,79,38,24,18,84,22,88,15,19,95,50,87,94,9,13,73,72,46,58,65,29,37,32,20,54,48,97,4,21,51,25,36,27,68,5,14,83,81,1,56,62,40,23,70,12,49,77,85,67,93,41,98,76,17,33,96,11,42,90,71,39,28,78,7,52,53,89,31,99,75,60,35,3,91,45,57,8,86,44,69。 ④ 所得回路长度：3 924.53；回路序列：90,42,11,96,33,17,76,98,41,93,67,85,77,49,12,70,23,40,62,97,4,48,54,20,32,37,29,65,58,46,72,73,13,9,94,87,50,95,19,15,88,22,84,18,24,38,79,59,80,10,2,43,16,64,6,82,30,61,26,100,66,74,63,55,34,47,92,69,44,86,8,57,45,91,3,35,60,75,99,31,89,81,83,14,5,68,27,36,25,51,21,1,56,53,52,7,78,28,39,71,90。 ⑤ 所得回路长度：3 997.64；回路序列：41,93,67,85,77,49,12,70,23,40,39,71,90,42,11,55,100,66,74,63,34,47,92,69,44,86,8,57,45,91,3,35,60,75,99,31,7,78,28,52,53,89,81,83,14,5,68,27,36,25,51,21,1,56,62,97,4,48,54,20,32,37,29,65,58,46,72,73,13,9,94,87,50,95,19,15,88,22,84,18,24,38,79,59,80,10,2,43,16,64,6,82,30,61,26,33,96,17,76,98,41
20 （200）	① 所得回路长度：5 461.62；回路序列：184,170,194,102,179,22,1,85,88,146,43,51,49,7,76,140,153,196,100,33,113,136,68,73,190,107,64,70,17,53,149,198,65,187,178,25,175,69,28,57,60,163,182,20,67,63,24,172,84,154,160,116,99,81,142,161,19,36,143,23,197,75,97,128,15,98,125,191,124,45,155,71,16,127,44,167,185,156,104,193,89,92,150,122,129,74,145,3,169,199,62,18,111,186,32,123,11,165,77,10,29,109,91,115,118,135,121,134,31,132,82,189,14,2,96,56,151,103,114,171,46,5,176,110,41,55,52,173,79,174,30,27,93,164,120,108,131,21,78,80,40,180,106,117,54,72,158,35,86,9,66,141,133,152,6,157,59,166,200,61,50,94,192,90,58,181,183,4,177,148,147,38,101,95,195,138,112,39,188,26,168,12,34,162,144,159,126,83,87,130,8,105,42,119,139,37,47,137,13,48,184。

实例号 （点数）	①GR-P-2OPT、②GR-ZP-C、③GR-K-2OPT、④GR-ZK-C、⑤GR-TDM-K-2OPT 对应的最优处理结果
20 （200）	② 所得回路长度：5 304.53；回路序列：35,86,9,66,131,21,78,80,40,180,106,117,54,72,23,197,75,97,128,15,98,125,191,124,45,155,71,16,127,44,167,185,156,164,120,108,27,93,104,193,89,92,150,122,129,74,145,3,169,199,62,18,111,186,32,123,11,165,77,10,29,109,46,171,5,176,110,41,55,52,173,79,174,30,141,133,152,6,157,59,166,50,94,148,192,58,90,177,4,181,183,96,56,151,103,114,91,115,118,135,121,134,31,132,82,189,14,2,101,38,147,113,136,33,100,196,153,76,140,87,83,126,159,195,95,112,138,39,188,26,168,12,34,162,144,130,8,105,7,49,43,51,42,119,139,37,146,88,85,179,22,1,70,17,64,107,190,73,68,61,200,53,149,198,65,25,178,187,170,194,102,47,137,13,48,184,57,60,28,163,182,69,175,20,67,63,24,172,84,154,160,116,99,81,142,161,19,36,143,158,35。 ③ 所得回路长度：5 357.92；回路序列：120,108,27,110,176,5,41,151,56,96,183,181,4,148,177,90,58,192,55,52,173,79,174,30,141,133,152,6,157,59,166,94,50,68,73,190,107,64,70,17,65,198,149,53,61,200,116,99,81,142,9,66,21,131,80,78,86,35,158,143,36,19,161,160,154,84,172,24,63,67,20,182,163,57,60,28,69,175,25,178,187,194,170,184,48,13,137,47,102,179,22,1,85,88,146,37,139,119,42,51,43,49,7,105,8,130,144,162,34,12,168,26,188,39,138,112,95,195,159,126,83,87,140,76,153,196,100,33,136,113,147,38,101,2,14,189,82,132,31,134,121,135,103,118,115,91,114,171,46,109,29,10,77,165,11,123,32,186,111,18,62,199,169,3,145,74,129,122,150,92,89,193,104,185,167,44,127,16,71,155,45,124,191,125,98,15,128,97,75,197,23,72,54,117,106,180,40,156,93,164,120。 ④ 所得回路长度：5 385.66；回路序列：146,88,85,1,70,17,22,179,102,47,137,13,48,184,170,194,187,178,25,175,69,28,60,57,163,182,20,67,63,24,172,84,154,160,161,142,81,99,116,65,198,149,53,200,61,68,73,190,107,64,49,7,76,140,153,196,100,33,136,113,147,38,101,4,181,183,96,56,151,41,5,176,110,27,30,174,79,173,52,55,192,58,90,177,148,94,50,166,59,157,6,152,133,141,66,9,21,131,80,78,40,180,106,117,54,72,158,35,86,19,36,143,23,197,75,97,128,15,98,125,191,124,45,155,71,16,127,44,167,185,156,164,120,108,93,104,193,89,92,150,122,129,74,145,3,169,199,62,18,111,186,32,123,11,165,77,10,29,109,46,171,114,91,115,118,103,135,121,134,31,132,82,2,14,189,95,195,138,112,39,188,26,168,12,34,162,144,159,126,83,87,130,8,105,119,42,51,43,139,37,146。 ⑤ 所得回路长度：5 411.37；回路序列：109,91,115,118,135,121,134,31,132,82,2,14,189,95,195,138,112,39,188,26,168,12,34,162,144,159,126,83,87,130,8,105,140,153,76,7,49,43,51,42,119,139,37,146,88,85,1,22,179,102,47,137,13,48,184,170,194,187,178,25,175,69,28,57,60,163,182,20,67,63,24,172,84,154,160,116,99,81,152,6,157,59,166,50,94,192,58,90,177,148,68,61,200,53,149,198,65,17,70,64,107,190,73,100,196,33,136,113,147,38,101,4,181,183,96,56,151,103,114,171,46,5,176,110,41,55,52,173,79,174,133,141,30,27,93,164,120,108,131,21,66,9,142,161,19,36,143,158,35,86,78,80,40,180,106,117,54,72,23,197,75,97,128,15,98,125,191,124,45,155,71,16,127,44,167,185,156,104,193,89,92,150,122,129,74,145,3,169,199,62,18,111,186,32,123,11,165,77,10,29,109

本章需要说明的是：

① 本章只讨论了二维欧氏平面上的对称型 TSP,而且将对应的城市网视为一个无向的带权完全图,各边上的权是该边所依附的两个城市间的直线距离(根据其平面坐标按欧氏距离公式计算而得);

② 为了准确比较同一组城市不同回路或单向路径的优劣(以长度为依据),本章方法根据坐标计算城市间距离时中途一律未舍入取整,待路径上所有边的长度均累加完毕再一次性四舍五入,这样并不会因误差传播、积累使最终所得回路长度精确度降低,丧失可信度、可比性;

③ C 变换及 Z 方法等的部分 VC++代码(后续如果需要进行大规模城市网的测试,将使用 C♯语言编码)及部分测试实例均已放入压缩包"基于哈密顿路径优化变换的旅行商问题贪婪求解方法.ZIP"中,供需要的读者参考。

参 考 文 献

[1] KNUTH D E. The art of computer programming—volume 1：fundamental Algorithms[M]. Addison-Wesley Publishing Company，Inc. ，1973.

[2] AHO A V，HOPCROFT J E，ULLMAN J D. The design and analysis of computer algorithms[M]. Addison-Wesley Publishing Company，Inc. ，1976.

[3] WIRTH N. Algorithms＋Dada Structures＝Programs[M]. Prentice-Hall，Inc. ，1976.

[4] HOROWITZ E，SAHNI S. Fundamentals of computer algorithms[M]. Potomac，Md. ：Computer Science Press，1978.

[5] AHO A V，HOPCROFT J E，ULLMAN J D. Data structures and algorithms [M]. Addison-Wesley Publishing Company，Inc. ，1983.

[6] HOROWITZ E，SAHNI S，MEHTA D K. Fundamentals of data structures in C++[M]. W. H. Freeman and Company，1994.

[7] BAASE S. Computer algorithms：introduction to design and analysis [M]. Addison-Wesley Publishing Company，Inc. ，2001.

[8] 张益新,沈雁. 算法引论[M]. 长沙：国防科技大学出版社,1995.

[9] 曹新谱. 电子计算机软件算法设计与分析[M]. 长沙：湖南科学技术出版社,1984.

[10] 程国忠. 赛程问题分治算法[J]. 西华师范大学学报（自然科学版），2004,25(3)：279-281，297.

[11] 顾泽元,刘文强. 数据结构[M]. 北京：北京航空航天大学出版社,2011.

[12] 严蔚敏,李冬梅,吴伟民. 数据结构(C 语言版)[M]. 2 版. 北京：人民邮电出版社,2022.

[13] LIU C L. 离散数学基础[M]. 刘振宏,译. 北京：人民邮电出版社,1982.

[14] 程国忠. 变形 FLOYD 算法[J]. 四川师范学院学报（自然科学版），1998,19(3)：318-321.

[15] HOPFIELD J J. Neural networks and physical systems with emergent collective computational abilities[J]. Proceedings of the National Academy of Sciences of the United States of America，1982，79(8)：2554-2558.

[16] HOPFIELD J J. Neurons with graded response have collective computational properties like those of two-state neurons[J]. Proceedings of the National Academy of Sciences of the United States of America，1984，81(10)：3088-3092.

[17] HOPFIELD J J, TANK D W. Neural computation of decisions in optimization problems[J]. Biological Cybernetics，1985，52(3)：141-152.

[18] TANK D，HOPFIELD J. Simple 'neural' optimization networks：an A/D converter，signal decision circuit，and a linear programming circuit[J]. IEEE Transactions on Circuits and Systems，1986，33(5)：533-541.

[19] TAKEDA M，GOOGMAN J W. Neural networks for computation：number representations and programming complexity[J]. Applied Optics，1986，25(18)：3033-3046

[20] 焦李成. 神经网络系统理论[M]. 西安：西安电子科技大学出版社，1990.

[21] 靳蕃,范俊波,谭永东. 神经网络与神经计算机[M]. 成都:西南交通大学出版社，1991.

[22] 杨行峻,郑君里. 人工神经网络[M]. 北京：高等教育出版社,1992.

[23] 翁龙年,亢耀先. 运筹学[M]. 北京：人民邮电出版社,1988.

[24] 瑟罗夫. 运筹学入门[M]. 薛华成,等译. 北京:清华大学出版社,1984.

[25] 程国忠. 运输问题的神经网络解法[J]. 计算机应用研究,2001,18(11):16-18.

[26] 陈国良. 神经网络用于求解组合优化问题:C²N²90 会议论文集[C]. 122-129.

[27] 靳蕃,胡飞. 改进 Hopfield 算法的若干新结果:C²N²90 会议论文集[C]. 351-354.

[28] 唐锡南,陈国良. 一个解决货郎担问题的高效神经网络:C²N²90 会议论文集[C]. 928-929.

[29] 张承福,王心强. 一种用于组合优化计算的高效网络模型:C²N²90 会议论文集[C]. 328-331.

[30] CHENG G Z, FENG W，CUI F S，et al. Neural network algorithm for solving large scale travelling salesman problems[J]. Advanced Materials Research，2012，542/543：1398-1402.

[31] 饶卫振,金淳. 基于求解 TSP 问题的改进贪婪算法[J]. 运筹与管理，2012,21(6)：1-9.

[32] 饶卫振,王新华,金淳,等. 一类求解 TSP 构建型算法的通用改进策略[J]. 中国科学(信息科学)，2015,45(8)：1060-1079.

[33] 吴斌,史忠植. 一种基于蚁群算法的 TSP 问题分段求解算法[J]. 计算机学报，2001,24(12):1328-1333.

[34] 邹鹏,周智,陈国良,等. 求解 TSP 问题的多级归约算法[J]. 软件学报,2003,14(1)：

35-42.

[35] 江贺,周智,邹鹏,等. 求解 TSP 问题的并集搜索的新宏启发算法[J]. 中国科学技术大学学报,2005,35(3):367-375.

[36] 邱伟星,王舒榕,程栋材,等. 求旅行商问题近似解的碰撞算法[J]. 计算机工程,2011,37(10):284-286.

[37] 马杨,戴锡笠,牟廉明. 基于分治法和分支限界法的大规模 TSP 算法[J]. 内江师范学院学报,2012,27(10):20-23.

[38] 顾竞豪,王晓丹,贾琪. 求解大规模 TSP 问题的带导向信息素蚁群算法[J]. 火力与指挥控制,2018,43(8):111-115.

[39] 高珊,孟亮. 贪婪随机自适应灰狼优化算法求解 TSP 问题[J]. 现代电子技术,2019,42(14):46-50.

[40] 陈沐天,蔡和熙. 货郎担问题的几何分块算法及 China TSP 问题的最终解决[J]. 计算机工程与科学,1998,20(1):22-27.

[41] 赵玉成,袁树清,许庆余. TSP 问题的单元划分法[J]. 力学与实践,1998,20(6):35-36.

[42] 刘新,刘任任,侯经川. 求解旅行商问题的整体优先算法[J]. 计算机应用,2007,27(5):1204-1207.

[43] 郭文强,秦志光,冯昊. 一种基于归零矩阵的 TSP 求解算法[J]. 计算机科学,2009,36(8):254-257.

[44] 饶卫振,金淳,黄英艺. 基于求解 TSP 问题的双向扩展差额算法[J]. 管理工程学报,2011,25(2):95-102.

[45] ROCKI K, SUDA R. Accelerating 2-opt and 3-opt local search using GPU in the travelling salesman problem [C]//2012 International Conference on High Performance Computing & Simulation (HPCS). July 2-6, 2012, Madrid, Spain. IEEE, 2012:489-495.

[46] MLADENOVIC N, TODOSIJEVIC R, UROSEVIC D. An efficient general variable neighborhood search for large travelling salesman problem with time windows[J]. Yugoslav Journal of Operations Research, 2013, 23(1):19-30.

[47] CUI F S, FENG W, PAN D Z, et al. An improved and realized volatility strategy of the ant colony optimization algorithm[J]. Applied Mechanics and Materials, 2013, 389:849-853.

[48] SAJI Y, RIFFI M E. A novel discrete bat algorithm for solving the travelling salesman problem [J]. Neural Computing and Applications, 2016, 27(7):1853-1866.

[49] 张玉州,梅海俊,徐廷政. 一种求解 TSP 问题的混合遗传算法[J].安庆师范大学学报,2018,24(3):77-81.

[50] 陈雷,张红梅,张向利. 自适应动态邻域布谷鸟混合算法求解 TSP 问题[J]. 计算机工程与应用, 2018, 54(23): 42-50.

[51] 闫旭,叶春明. 混合随机量子鲸鱼优化算法求解 TSP 问题[J]. 微电子学与计算机, 2018, 35(8): 1-5.

[52] 袁汪凰,游晓明,刘升,等. 求解 TSP 问题的自适应模拟退火蚁群算法[J].计算机应用与软件,2018, 35(20):261-266.

[53] 张子成,韩伟,毛波. 基于模拟退火的自适应离散型布谷鸟算法求解旅行商问题[J]. 电子学报, 2018, 46(8): 1849-1857.

[54] 马学森,宫帅,朱建,等. 动态凸包引导的偏优规划蚁群算法求解 TSP 问题[J]. 通信学报, 2018, 39(10): 59-70.

[55] 杨彩虹,杨明. 基于自适应层次谱聚类与遗传优化的 TSP 算法[J]. 云南师范大学学报(自然科学版),2020,40(1):44-51.